地下王国漫游记

高士其生活科学集

高士其 著

中国国际广播出版社

·序·

    假如儿童文学作者是儿童精神食粮的烹调者的话，那么，高士其就是一位超级厨师！

    高士其是文藻的清华留美预备学校的同学，他比文藻小两班。听说他原来的名字叫高仕錤，是家里给他起的；他嫌"仕"字是做官的意思，"錤"又带"金"字边，也很俗气，他自己就把"人"字、"金"字边旁都去掉了，于是他的名字就叫高士其。

    1928年，他在美国芝加哥大学，因进行"脑炎病毒"研究，试管爆裂，使他感染了病毒，得了脑炎后遗症，造成了他肉体上的残疾，而作为儿童科学文艺的作者，他却坚强地走在许多健康人的前面！

    五四运动的口号，是"民主"和"科学"。高士其就是全心全力地把科学知识用比喻、拟人等方法，写出深入浅出，充满了趣味的故事，就像色、香、味俱全的食品一样，得到了他所热爱的儿童们的热烈欢迎。

高士其的儿童文学著作，不论是文是诗，都是科学、文艺和政论的结晶，他说过："科学文艺……失去了文艺性，也就失去了它的吸引力……而它的吸引力，正是帮助他们（读者）从乐趣中获得知识。"

他的作品，如《菌儿自传》《我们的抗敌英雄》《细菌的大菜馆》《抗战与防疫》等，都是儿童科学文艺中的杰作。

我在《〈1956—1961年儿童文学选〉序》中曾说过："为儿童准备精神食粮的人们，就必须精心烹调，做到端出来的饭菜，在色、香、味上无一不佳，使他们一看见就会引起食欲，欣然举箸，点滴不遗。因此，为要儿童爱吃他们的精神食粮，我们必须讲究我们的烹调艺术，也就是必须讲求我们的创作艺术。"我写这段文字时，心里想的就是高士其的儿童科学文艺的创作。

冰 心

1990年11月20日阳光满室之晨

目录

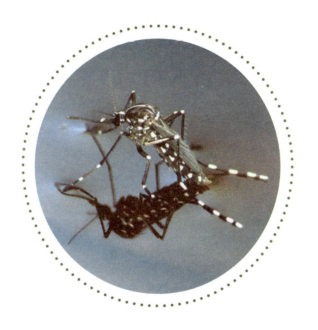

小人国的轰炸机——蚊虫

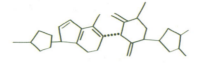

夏天一到，小人国的轰炸机（蚊虫）就活跃起来了，有的在白天，有的在黑夜，不断地空袭我们的皮肤。

小人国的轰炸机，种类很多，最著名的有三大类：

第一类是普通的蚊子，它们不过叮一叮我们的皮肤，吮一吮我们的血液罢了，并不投弹。

第二类是疟蚊，它们投下疟疾的炸弹。

第三类是黄热蚊，它们投下黄热病的炸弹。

此外还有丝虫病、骨痛病、大脑炎等病，也都是被蚊子的投弹引起来的。

蚊子的飞机场

小人国轰炸机的空军根据地，全部建筑在水面。

疟蚊的飞机场，建筑在野外低湿的地方，如湖水、池水、塘水，以及树林中的积水。

黄热蚊的飞机场，建筑在户内蓄水的地方，如水缸、水桶、水管、水瓮，以及沟壑中的泥水和烂花盆、破罐头盒里的污水。

当天气转暖的时候，这些蚊子就漂到水面去下蛋。

蚊子的下蛋，是为了要制造小轰炸机呢！

制造轰炸机的三个阶段

小人国制造轰炸机，要经过三个阶段：

第一个阶段是由蛋变成仔虫。

蛋在水中，三天之后，一变就变成了仔虫，仔虫就是孑孓。

第二个阶段是由仔虫变蛹。

仔虫在水里，七天之后，再变成蛹，蛹在水面下栖息，有些像驼背的老人，头上有喇叭形的呼吸器。

第三个阶段是由蛹变成蚊。

蛹在水面下不吃不喝，再过两三天，变成了小蚊子。轰炸机形成

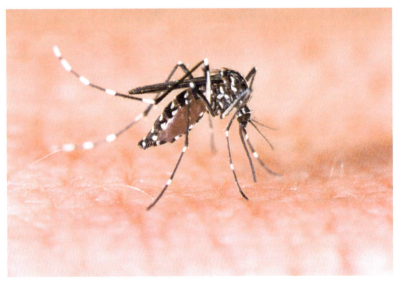

蚊 子

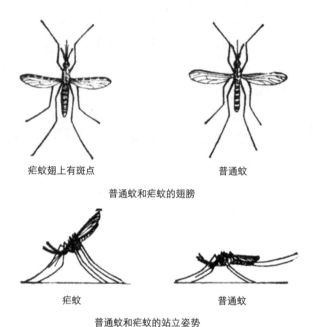

疟蚊翅上有斑点　　　　　　　普通蚊

普通蚊和疟蚊的翅膀

疟蚊　　　　　　　　　　　普通蚊

普通蚊和疟蚊的站立姿势

疟蚊和普通蚊的区别

了，它就脱去蛹衣，在水面稍微停一下，双翅一干，就"嗡"的一声
飞走了。

　　这三个阶段所需要的时间，当天气太热的时候，可以缩短到一个
星期。

　　蚊子翅膀的模样儿很多，用放大镜仔细一看，也可以长些见识。
疟蚊的翅膀有特殊的斑点，这是它们很鲜明的标志；普通蚊子的翅
膀，都没有这样的花纹。

　　疟蚊还有一个特点，就是它站立的姿势，身子向前倾，尾巴向上
翘。别的蚊子，都不是这样的。

　　小人国轰炸机投下的炸弹，都是我们肉眼看不见的微生物。直到显微镜发明以后，才被人类所发现：疟蚊的炸弹是一种"吃血芽孢虫"，黄热蚊的炸弹是一种"滤过性病毒"。制造这些炸弹的秘密工厂，是病人的血液和蚊子的肚子。

　　这些炸弹的威力都很强，有的破坏我们的红血球，有的残杀我们的细胞，尤其可怕的是疟蚊的炸弹。

　　地球上从赤道到两极，特别是热带潮湿的地方，都是疟蚊的势力范围，和平的人民被疟蚊的炸弹炸死的，每年平均都有几十万人。

1951 年 8 月

孑孓

纸的故事

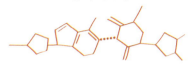

一

我们的名字叫作"纤维"，我们生长在植物身上。地球上所有的木材、竹片、棉、麻、稻草、麦秆和芦苇都是我们的家。

我们有很多的用处，其中最大的一个用处，就是我们能造纸。

这个秘密，在1800多年以前，就被中国的古人知道了，这是中国古代的伟大发明之一。

在这以前，人们记载文字，有的是刻在石头上，有的是刻在竹简上，有的是刻在木片上，有的是刻在龟甲和兽骨上，有的是铸造在钟鼎彝器上。这些做法，都是很笨的呀！

到了东汉时代（105），就有一位聪明的人，名叫蔡伦，他聚集了那时候劳动人民丰富的经验，发明了造纸的方法。用纸来记载文字就便当多了。

蔡伦用树皮、麻头、破布和鱼网做原料，这些原料里面都有我们存在。他把这些原料放在石臼里舂烂，再和上水就变成了浆。他又用丝线织成网，用竹竿做成筐，做成造纸的模型。他把浆倒在模型里，不断地摇动，使得那些原料变成了一张席，等水都从网里逃光了，就变成了一张纸，再小心地把它拉下，铺在板上，放在太阳光下晒干，或者把它焙干，就变成了干的纸张。这就是中国手工造纸的老方法。

纸在中国发明以后，又过 1000 多年，才由阿拉伯人把它带到欧洲各国去旅行。它到过西西里、西班牙、叙利亚、意大利、德意志和俄罗斯，差不多游遍了全世界。造纸的原料沿路都有改变。

普通造纸的方法，都是用木材或破布等做原料。

在这些原料里面，都少不了我们，我们是造纸的主要分子。拿一根折断的火柴，再从破布里抽出一根纱，放在放大镜下面看一看，你就可以看出火柴和纱都是我们组织成的。纸就是由我们造成的。你只要撕一片纸，在光亮处细看那毛边，就很容易看出我们的形状。

二

我们现在讲一个破布变纸的故事，给你们听好吗？这是我们在破布身上亲身经历的事。

有一天，破布被房东太太抛弃了。不久它就被收买烂东西的人捡走，和别的破布一起送到工厂里去。

在工厂里，他们先拿破布来蒸，杀死我们身上的细菌，去掉我们身上的灰尘。工厂里有一种特别的机器，专用来打灰尘的，一天可以弄干净几千磅的破布。随后他们把这干净的破布放在撕布机里，撕得粉碎。为了要把我们身上一切的杂质去掉，他们就把这些布屑放在一个大锅里，和着化学药品一起煮，于是我们被煮烂了。他们又用特别机器把我们打成浆。他们还有一部大机器，是由许多小机器构成的。纸浆由这一头进去，制成的纸由那一头出来。我们先走进沙箱里，是一个有粗筛底的箱子，哎呀！我们跌了一跤，我们身上的沙，都沉到底下去了。于是我们流进滤过器——是一个有孔的鼓筒，不断地摇动，我们身上的结和团块都留在鼓筒里。于是我们变成了清洁的浆，

蔡伦——造纸术的改造者

从孔里漏出来，流到一个网上。最后，我们由网送到布条上，把我们带到一套滚子中间，有些滚子把我们里面的水挤压掉，另外些有热蒸汽的滚子，把我们完全烤干。最后我们就变成了一片美丽而大方的纸张。这就是机器造纸的方法。

这样，我们从破布或其他废料出身，经过科学的改造，变成了有用的纸张，变成了文化阵线上的战士。

1951 年 12 月

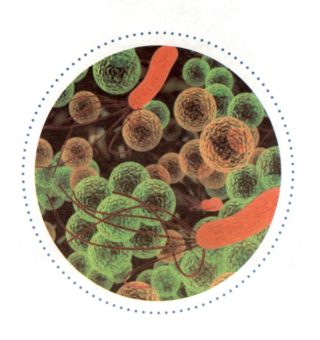

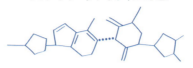

细菌世界探险记

到细菌世界去旅行

到肉眼看不见的细菌世界去作一次探险的旅行，是一件非常有趣味的事。成千成万的医药卫生工作者，都曾经作过这样的旅行。

我们要有一架高倍的显微镜，才可以到细菌世界去。在各大医院里、各大学校里、各微生物学研究所里，都有这样的显微镜。

列文虎克用过的显微镜

第一个到细菌世界去的探险家是列文虎克。他是荷兰德尔夫市市政府的看门老工人，又是一位制造显微镜的能手，生平唯一的嗜好就是制造显微镜。他造了 200 多架显微镜，想在显微镜下面，发现各种小东西的秘密。有一天，他在自己嘴里的齿垢中发现了细菌，他惊奇地叫道："这些微生物真小呀！小到比我们的头发尖，比最小的沙粒，比跳蚤的眼睛还要小好几百倍。"有一天早上，他喝了一杯热咖啡，把嘴里的细菌都烫死了。那一次，他再也找不到细菌的影子，他很失望地说："我的小生物失踪了。"

这消息传出以后，引起了欧洲科学界的极大注意，大家都传为奇谈。但是没有人想到，这些细菌会有什么了不起的作用。

这是 17 世纪的事。

过了两个世纪，细菌探险家巴斯德为了研究葡萄酒和啤酒的毛病，他发现，如果有一种外来的细菌跑到酒桶里繁殖起来，酒就会变臭、变酸。后来他研究蚕的病、母鸡的病和小羊的病，都发现有细菌在这些动物的身体里面捣鬼。于是他就宣布这些细菌为传染疾病的罪犯。

同时，另外一位细菌探险家柯赫发明了检查细菌的染色法，将细菌的身体染上蓝的、红的、紫的各种颜色，使它们能更明显地现出原形来。他又发明了各种培养细菌的方法，将细菌关在玻璃管、玻璃瓶和玻璃碟里面，用各种液体和固体的食品喂它们，作为研究的材料。他又拿小白鼠、天竺鼠、小兔、小猫、小猴儿等动物，作细菌的试验品。到细菌世界去旅行探险的技术和装备，一天比一天进步了；去探险的人，也一天比一天多起来了。

我现在综合各位细菌探险家的旅行笔记，作一个简单的报道，使没有机会去旅行的人，也能明了细菌世界的情况。

细菌有多么小

细菌是极小极微的生物，显微镜发明以后，人们才认识了它们的面目。

有的说："细菌是肉眼看不见的东西，我们的眼珠就比它大多少万倍呀！"

有的说："好几十万个细菌挂在苍蝇的毛腿上，我们也看不出来。"

有的说："一根汗毛、一粒最小的灰尘，也比细菌重几百倍。"

有的说："针头那么大一点儿地方，就可以容纳几万万细菌。"

有的说："一滴污水里，可以含有几百万到几千万个细菌。它们在一滴水里面游泳，就好像鱼在大海里一般。"

细菌究竟有多么小？

我们要拿特别的单位去量它，这个单位就是"微米"，一微米等于千分之一毫米。普通杆状的细菌，平均大小长约 2 微米，宽约 0.5 微米。最大的球状的细菌，它的直径也有 2 微米，普通球状的细菌的直径只有 0.8 微米。最长的细菌为回归热螺旋体，它长约 40 微米。最小的细菌长约 0.5 微米，宽约 0.3 微米。所以到细菌世界去旅行，非带着显微镜不可。

大肠杆菌

细菌是什么样子的

我们在探险旅行中，只要有一架可以放大到 1000 倍左右的显微镜，就可以看见细菌的形状了。我们把捉到的带有细菌的东西挑下一点点涂在玻璃薄片上，和上一滴清水，放在镜台上，把镜筒上下旋转，把眼睛贴在接目镜上一看，镜中就隐约现出细菌的原形来。

但是，这样看法，还看不大清楚。要是用了染色法，把细菌涂上颜色，看起来就轮廓明显，内容清晰，而且可作种种的分类了。

就其轮廓看来，细菌大约有以下几类：像菊花似的"放线菌"；像游丝似的"丝菌"；像断杆折枝似的"枝菌"（即分枝杆菌）；

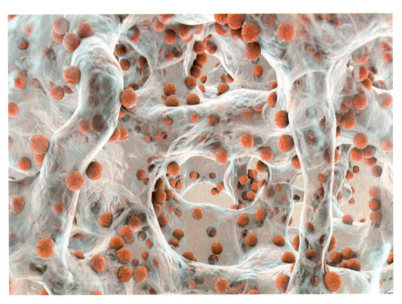

葡萄球菌

像小皮球似的"球菌";像小棒似的"杆菌";弯腰曲背的"弧菌"。那些"弧菌"之中,有的多弯了几弯,像个小小的螺丝钉,又叫作"螺旋菌"。

我们遇见的这些细菌,很少是孤零零的漂泊汉,它们都爱成群结伴地到处游行。在球菌中,有的像一串串的葡萄,几十个、几百个连在一起,叫作"葡萄球菌";有的连成长长短短的珠串,叫作"链球菌";有的拼成一对一对,叫作"双球菌";有的整整四个拼在一处,叫作"四联球菌";有的八个叠成个立方体,叫作"八叠球菌"。

在杆菌中,有的是一节一节的,像竹竿;有的身体胖胖的,像马铃薯;有的大腹便便;有的两头尖尖;有的头上长着"芽孢",像个鼓槌;有的身披一层"荚膜",像个豆荚;有的全身都是"鞭毛";

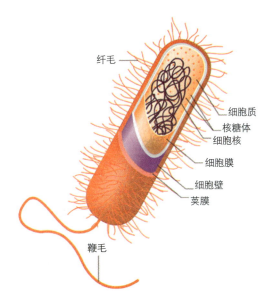

纤毛

细胞质
核糖体
细胞核
细胞膜
细胞壁
荚膜

鞭毛

一个典型的革兰氏阳性细菌细胞的结构

·15·

有的头上留着辫子；有的既有辫子又有尾巴。这些细菌长长短短，大大小小，形形色色，无奇不有。

细菌是怎样生活的

我们在细菌世界里旅行，看见细菌都在吃东西。

细菌是贪吃的小家伙，它们一碰着可以吃的东西便抢着吃，吃个不休，非吃得精光不可。但是它们有的只吃荤，不吃素；有的只吃素，不吃荤。所以，病菌有动物病菌与植物病菌之分。大多数的细菌都是荤素兼吃。也有的细菌荤素都不吃，而去吃空气中的氮或无机化合物，如硝酸盐、亚硝酸盐、氨、一氧化碳之类。此外，还有吃铁的"铁菌"，吃硫黄的"硫菌"。更有专吃死肉不吃活肉的"腐菌"，专吃活肉不吃死肉的"病菌"。麻风的病菌只吃人和猴子的肉，不肯吃别的东西。平常住在人或动物身上的细菌，到了水里或土壤里就要饿死。但是"结核杆菌"及"鼠疫杆菌"等穷凶极恶的病菌，就很调皮，它们离开了人体，也能暂时吃别的东西维持生活。

在吃的方面，细菌有一些脾气和人类差不多：太酸的不吃，太咸的不吃，太干的不吃，淡而无味的也不吃，大凡合人类的口味的东西，也就合它们的口味。所以人类正吃得津津有味的时候，想不到它们也在那里不声不响地偷偷吃着。

人类的肠子是细菌的大菜馆；牛、羊、猪、狗、鱼、虾、蜗牛、蚯蚓的肠子，也都是细菌的大小饭庄；地球上所有的粪堆和垃圾堆，都是细菌的大酒店。

细菌的呼吸也有些特别。平时，它们固然尽量地吸收空气中的氧，但是，它们也常常爱躲在低气压的角落里，躲在黑暗潮湿的地方活动。所以，一件东西腐烂的时候，都从底下烂起。有时它们完全不需要空气，也能生存。

细菌落到有食物和水的地方，就很快地繁殖起来：一个分裂成两个，这样一变二，二变四，四变八……一直变下去，大约每隔20分钟分裂一次；24小时以后，就可以变成几十万万个。

但是，它们的繁殖常常受到气候和环境条件的限制。在冰箱里，大多数细菌都停止了繁殖，所以我们的食品能保存很久。在室内的温度下，普通的细菌都很容易生长；人和动物的体温，最适合大多数病菌的生活；有的细菌，如吃硫黄的硫菌，能在温泉过日子。一过60℃，病菌就不能活；一过100℃，全部细菌都要被烫死。所以我们要喝煮开的水，要吃煮熟的食物。

此外，细菌顶怕太阳光中的紫外线，顶怕消毒药品，如升汞水、石炭酸水、来苏儿水、生石灰等。

以上这些，都是我们在旅行中亲身看到的细菌的一般情况。

大地上的清洁队员

我们这些细菌世界的探险家，先到土壤国去旅行。在那里，我们遇着一批又一批的细菌，都在日日夜夜忘我地工作。

它们虽然是非常渺小的生物，但是它们的工作却非常伟大：它们是土壤里的劳动者、大地上的清洁队员。它们的工作是清除腐物。

清除腐物，在自然界中，是一件浩大无比的工程，别种生物是担当不了的；没有细菌的劳动，恐怕全地球都要变成垃圾山和臭尸场了。

地面上几千万万的动植物的尸体都到哪里去了？那就要问土壤细菌——这些大地上的清洁队员了。

一切生物都要死亡，一切生物的尸体都要腐烂，一切腐烂的东西都要分解而变成土壤里的肥料，这些工作，都由土壤细菌——这些大地上的清洁队员来担负。

旧的细胞必然会毁灭，新的细胞必然会产生，这拆散旧细胞的工作，就是大地上清洁队员的任务。

土壤细菌不但会使地面洁净，而且还给新生命准备好丰富而容易消化的食粮。因此，土壤细菌，这些土壤中的劳动者，就是我们农民的好朋友。

农业劳动模范

在土壤国，我们参观了细菌的农场，会见了三位农业劳动模范。这三位模范都是会制造硝酸盐的。但是，它们的做法各有不同。

第一位农业劳动模范是化腐细菌。

它所用的原料都是从大粪、垃圾堆和一切腐烂的东西里来的。它把所有已经死亡的蛋白质都分解了，变成了简单的硝酸盐。硝酸盐是滋养植物主要的肥料。

第二位农业劳动模范是氮化细菌。

我们知道，硝酸盐含有大量的氮，氮是动植物身体里面最主要的建设元素，是构成蛋白质的主要成分。蛋白质和生命是分不开的。什么地方有生命，什么地方就有蛋白质。没有蛋白质就没有生命。

我们又知道，空气中含有大量的氮，约占空气的五分之四。但是，植物不能直接吸取空气中的氮。亏得氮化细菌自告奋勇来帮忙了，它们把氮造成硝酸盐，供给植物营养。

第三位农业劳动模范是根瘤细菌。

　　我们知道，豆科植物的根上长着许多小瘤，就叫作"根瘤"。这根瘤里面，生活着大群的细菌，这种细菌也能够从空气中吸取氮，把氮制造成硝酸盐。根瘤细菌在土壤里面，可以增加土壤的肥沃。所以种过豆科植物的田地，再种裸麦和小麦，可以得到丰收。

　　细菌可以用人工方法来大量培养。这些土壤细菌现在有制造成的成品，已经在农业上应用了。这些细菌我们应该充分利用它们来改造世界。

发酵的小技师

　　从土壤到空气的路上，我们参观了发酵工厂。首先，我们在酒桶里会见了酿母菌。它圆圆胖胖的，很像小鸭蛋儿。它又叫作"酵母菌"，

酵素帮助发酵

是细菌族里的老大姐、发酵的小技师。它有一套特殊的技能，一落到准备好的糖汁、果汁的酒桶里面，在适当的温度下，就会将糖分解，变成酒精和二氧化碳。制成的酒装在坛子或瓶子里，封严了，不让空气进去，再经过蒸煮灭菌，就可以保持很久而不坏。但是，如果封得不严，让空气偷偷钻了进去，那酒就会变酸了。为什么呢？因为空气里的醋菌窜进去捣乱啦！

醋菌也是发酵的小技师，不过它不会造酒，只会造醋。

酵母菌不但会酿酒，还会使面团发酵，做成馒头或面包。

我们又到牛奶工厂里去参观，在牛奶瓶里，我们访问了乳酸细菌。它是制造酸牛奶的技术专家，能把牛奶里的乳糖变成乳酸。酸牛奶对于人的肠胃是很有益处的。

乳酸细菌又会使萝卜、白菜等发酵，制造成酸菜。

我们又参观了其他各种发酵工厂，看到了黑霉菌、白霉菌、黄霉菌、绿霉菌，这些霉菌是细菌世界里最普遍的一族，也是一群无所不吃的生物，"丝菌"是它们的别名。它们吃了五倍子，就制成鞣酸；吃了干草，就制成草酸；吃了水果，就制成柠檬酸。这许多酸，在化学工业上有很大的用途。

它们也会酿酒，在酿酒的过程中，它们是和酵母菌分工合作的。

它们还会制造酱油、豆腐乳等食品。

酵母菌、醋菌、乳酸菌、霉菌，这些发酵的小技师，都是食品工业中的功臣。

空中强盗

我们离开了发酵工厂，就到空气中去旅行。在空气王国的灰尘都

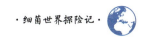

市里，我们会见了不少的细菌和它们的芽孢。

在这些细菌灰尘里面，夹杂着许多种细菌强盗，它们都是传染疾病的罪犯。

最著名的有十大强盗：伤风病毒、天花病毒、流行性感冒病毒、麻疹病毒、猩红热链球菌、肺炎球菌、脑膜炎球菌、白喉杆菌、结核杆菌和百日咳杆菌。

这一群空中强盗，都爱在人群拥挤的场所，特别是工厂、营房、戏院和学校里活动。

我们人类的肺、喉咙、扁桃腺、口腔和鼻腔，都是它们隐藏的地方。在我们谈话或咳嗽的时候，它们就会跟着痰花或唾沫喷射出来。

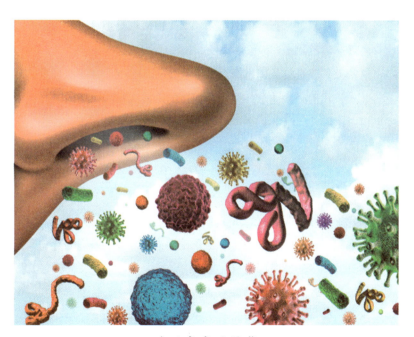

呼吸疾病的传染

这些痰花、唾沫和灰尘相伴，在空气中飞扬，到处传播。因此，在它们周围的人们，都有受传染的危险。尤其是在天气寒冷的季节，人们的呼吸道上的戒备松懈，空中细菌强盗就乘虚而入。有的靠它们强盛的繁殖力，不久就占领了全肺；有的盘踞在咽喉，它们的猛烈的毒素，可以流到人的全身。

然而，细菌强盗要攻陷我们人体的肺部，也不是一件容易的事，它们要冲过三道防线。

第一道防线是鼻毛。鼻毛像铁丝网，挡住细菌的去路。

第二道防线是扁桃腺。扁桃腺像堡垒，阻止细菌的前进。

第三道防线是纤毛。纤毛是保护气管的门户，驱除细菌过境。

就算它们冲过了气管、穿破了血管，我们的白血球战士也会马上赶来和它们作战，把它们包围消灭。如果白血球打不过它们，那就要请身体外面的救兵了。

这些救兵就是疫苗、血清、抗生素和磺胺剂等药品。

此外，我们必须注意，在人群拥挤的地方和灰尘飞扬的时候，要戴上口罩。

食桌上的凶手

离开了空气，我们就到食桌上去参观。

摆在我们食桌上的食物，多半受过生水的冲洗、苍蝇的打劫和污手的沾染，不少的细菌都附着在上面。

如果食物没有煮沸，消毒不彻底，或者做好之后管制不严密，保护不周到，三种杀人的细菌凶手，就很容易混进我们的嘴里。

哪三种？一是霍乱；二是伤寒；三是痢疾。

苍　蝇

　　霍乱细菌是一种弯腰曲背的弧菌，头上有一根辫子似的鞭毛，能在水里飞快地游泳。人们要是把它吞到肚子里去，不到一两天的工夫，病就发作起来。那病人上吐下泻，吐出来和泻出来的东西，都像稀米汤。他的身体就很快地虚弱下去。

　　伤寒细菌是一种杆菌，满身都有胡子似的鞭毛，也能飞快地在水中游泳。人们要是把它吞到肚子里去，它就很快地在肚子里面繁殖起来，穿破肠壁，闯进血管，使那病人全身发烧，体温台阶式地一天天地升高。在他的肚皮上，还会出现玫瑰色的斑点。

　　痢疾细菌也是一种杆菌，全身精光，没有鞭毛，也不会活动。但是，它一到肚子里，就会咬破肠壁血管，使那病人发烧，肚子泻，一天能泻几次到几十次，大便有脓有血，脓多血少。

这三种细菌，都是拿大粪作它们的大本营。水、没有消毒过的奶、没有煮熟的食物、没有去皮的水果，都是它们的根据地。苍蝇和污手，以至于病人吃过、穿过、用过的东西，都是它们的交通工具。

所以我们要提高警惕，严防这些凶手向我们肠胃进攻。必须注意饮食卫生，要喝煮开的水，要吃煮熟的饭菜，水果要洗净去皮或用开水烫过，不要吃苍蝇爬过的东西，食前和便后都要洗手，病人的排泄物和病人吃过、穿过、用过的东西都要彻底消毒。

这些预防方法，说起来很容易，做起来却未必能周到。所以要预防万一受传染起见，我们必须增强身体防卫的力量，那就是打防疫针。

打防疫针，就是用杀死了的或已经消灭了毒力的病菌制成疫苗，注射到人体内。比如：霍乱免疫苗，就是用杀死了的霍乱病菌制成的，打入身体以后，血液里就产生一种抗体，能够消灭霍乱病菌。伤寒和痢疾也有伤寒和痢疾的免疫苗。

昆虫队伍里的侵略军

最后，我们到了细菌世界的昆虫国。

这些昆虫和细菌一样，都是爱肮脏、喜潮湿。因此，它们就很容易勾结在一起，向人类进攻。

这些昆虫都是会蹦、会跳、会爬的小动物，它们都有三对灵活的小脚。有的脚尖会放出一种黏液，能在光滑的玻璃窗上爬来爬去。它们到处乱爬，就很容易沾染上细菌，传播细菌。

许多昆虫有轻纱似的翅膀，它们都会飞翔。它们活动的范围扩大了，散布细菌的区域也越加宽广了。

这些昆虫都是乱叮、乱咬、乱吃的小动物，它们是细菌的交通工具，常常把细菌送到人的身体里面去。

在这些昆虫的队伍里面，最出名的就是苍蝇、蚊子、跳蚤、臭虫、虱子、白蛉，还有属于蜘蛛一类的壁虱等，它们都是细菌的帮凶，传染病的媒介。

苍蝇是传染霍乱、伤寒、痢疾的媒介。

蚊子是传染大脑炎、疟疾、黄热病等的媒介。

臭虫是传染鼠疫、鼠型斑疹伤寒等的媒介。

虱子是传染斑疹伤寒、回归热、战壕热等的媒介。

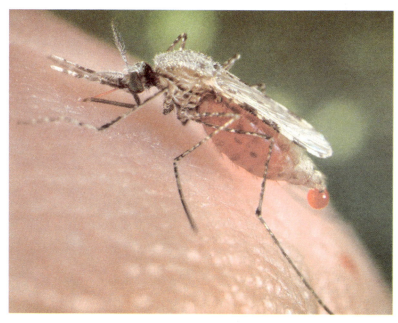

蚊子传播疟疾

白蛉是传染白蛉热、黑热病等的媒介。

壁虱是传染回归热、落基山斑疹热、兔热病、苏联型脑炎等的媒介。

这些都是传染疾病的侵略军。

在昆虫国旅行的时候，大家都要穿上长筒的袜子，扎紧裤管和袖口，戴上手套和口罩，还要保护眼睛。不要赤手去抓虫，也不要赤脚去踩虫。要用捕虫网来捕虫，要准备好滴滴涕、六六六和除虫菊去喷射杀虫，用火来烧虫或用土来把虫子掩埋起来。时时刻刻都要提高警惕，别让虫子咬你一口。

1952 年 8 月

生命的起源

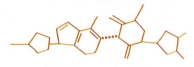

　　我现在给大家讲人类历史上的第一个故事，也是生物世界的第一个故事。这故事告诉我们天下的生物都是远亲近戚，这故事的题目叫作"生命的起源"。

　　人类有史以来，就对"生命的起源"这个问题动过脑筋了。在不同的时代，有许多伟大的思想家，都对这个问题产生了极大兴趣。这问题曾引起了许多科学家、哲学家、宗教家的热烈辩论，引起了激烈的、广泛的、尖锐的思想斗争。

　　让我们睁开眼睛看一看周围的自然界吧。我们随时都可以看到生物和无生物。在生物世界里，我们发现无数种类的动物和植物，什么虫呀、鱼呀、鸟呀、兽呀；什么花呀、草呀、树呀；真是形形色色非常热闹。但是在这里我们会碰到一个问题：从简单的微生物起到最复杂的人类止，各种各样的生物之间究竟有没有什么共同的特点呢？有的，那个特点就是"生命"。生物和无生物之间究竟有什么区别呢？有的，那个区别也就是"生命"。那么"生命"究竟是什么呢？最初的"生命"究竟是什么样子呢？"生命"究竟是怎样产生出来的呢？

　　这些都是很不容易解答的问题。因此，一般人对于生命的起源总是搞不通，有些人就凭空造谣，信口胡说，捏造出种种虚假的故事来。

　　第一种虚假的故事就是"上帝"的故事：

这故事告诉我们，宇宙万物都是"上帝"创造出来的。"上帝"在七天之内就创造了全世界。而且在第三天他创造了植物，在第五天创造了鱼类和鸟类，在第六天创造了兽类，最后创造了人，先创造男人，再创造女人。第一个男人的名字叫作"亚当"，他是"上帝"用泥土做成的，"上帝"吹了一口气他就活了起来，从他的身上取下一根肋骨，就造成最初的女人"夏娃"。

第二种虚假的故事就是"灵魂"的故事：

这故事告诉我们，原来我们的身体并不是活的东西，只有等到"灵魂"投到里面，才会活起来；"灵魂"就是"生命"。人死了以后，"灵魂"便离开躯体投到别处去了。看管这些"灵魂"的人就是魔鬼、神仙和菩萨。这种说法，在我们中国也是很流行的。

第三种虚假的故事就是自然发生的故事：

这里所谓自然发生是说虫呀、鱼呀、鸟呀、鼠呀这些小动物们不但是从同类中产生出来，而且又是直接从自然中产生出来的。

例如：鱼和蝌蚪是从污水和河底淤泥里自己产生出来的。小老鼠是从垃圾堆里产生出来的。苍蝇是从粪土和腐肉里产生出来的。虱子是从人汗里产生出来的。

有这样看法的人，都忽视了一件事实，就是这些不干净的地方，也正是小动物们的巢窝和它们生育的地方。生物是不可能像这个样子突然地自然发生的。

这些虚假的故事，都为剥削阶级所利用来欺骗人民。

我所要讲的，是关于"生命的起源"的一个真实的科学的故事。这故事是根据许多科学家的试验和观察而得来的，是集合近代天文学、地质学、化学和生物学的研究成果而说明的。

这故事也是出发于唯物主义观点的。

唯物主义的看法，认为生命的本质是物质的，生命是物质存在的一种特殊形态，生物和非生物之间并没有打不通的界限。

唯物主义的看法，认为生命不是立刻可以产生出来的，它是自然发展的一个阶段，它是一步又一步地由低级而高级、由简单而复杂地发展起来的。因此，要追求生命的起源，我们必须从地球和历史上去研究，从最简单的生物的生活中去研究，从生物的化学构成中去研究。

我现在就把生命起源这个科学的故事分作三部分来讲：

第一部分，从地球的历史看生命的起源。

第二部分，从显微镜下看生命的起源。

第三部分，从化学变化中看生命的起源。

从地球的历史看生命的起源

一、我们的地球从什么时候开始有生命

我们知道太阳里面是不会有生命的。根据科学家的估计，太阳表面的温度有 6000℃，内部的温度更高，因此不会有什么生物存在。

按照拉普拉斯的假说和其他旧的说法，认为原始的地球是一团火焰，一团正在燃烧中的气体，直到现在还有火山爆发的现象，喷射出来的火焰里面奔流着各种气体和熔化的岩石，据说这些岩石的温度也常常达到 1000℃左右。在这种温度下，是不可能有生物存在的。

按照苏联科学家施密特院士最新的理论，原始的地球是由许许多多尘埃质点聚集凝结而成的。在这个时候地球是冷的，在地球形成之后，由于地球内部放射性元素的蜕变而放射出大量的热，这种热超过了地球放射到空间去的热，在这个时候，地球只可能热起来不可能冷

地　球

下去。到了后来，地球内部放射性物质减少，地球才开始冷却，这是几十万万年以前的事。

当地球温度增高的时候，地球上物质就变为可塑性的，轻的就慢慢地升起来，重的压下去，地面上就起了凹凸不平的皱纹，充满了热腾腾的水蒸气，凸处成为高山，凹处蒸汽冷了变成水就成为海洋。在原始海洋里，到了环境和气候都适合于生物生存的时候，才开始出现最原始、最简单的生命。

二、地层里的化石告诉我们些什么

什么是地层呢？

地质学家告诉我们，地壳的构造是分成一层一层的，这就叫作地层。愈在下面的地层形成得愈早，年代也愈远，愈在上面的地层形成得愈晚，年代也愈近。

什么是化石呢？古生物学家从这些地层里发掘出一种东西。这种东西，大部分都是生物体的坚硬部分，如骨骼和介壳之类，年代久了，在地层里变成了石头而保存下来。还有一部分是生物的印痕，如爬行动物的足迹和树叶的形态等，在适当的条件下被保存下来。在化石的发掘和研究中，世界各国的古生物学家都发现生物在地层里出现有一定的顺序，愈是低等的生物出现在愈古的地层里，因此对地层的研究，可以说明地球上生命发展的历史。

地层的研究，还可以使我们说明鸟类和兽类发源的历史。不管是鸟类或是兽类，都是爬行动物变来的。虽然当时地球上还没有人类，但是我们根据地层的研究，却可以断定有这种事实。

我们向地层一层一层地发掘下去，愈走愈古远，我们可以走到这样的年代——那时候在我们的地球上，非但没有鸟类和兽类，甚至没有爬行动物类，没有两栖类（水陆两处都可以住家的动物，如青蛙），也没有鱼类。因为地球上的生命并不是从鱼类开始的，在鱼类之前，在古代的海洋里，还生存着许多各种各样的比鱼类还要简单的动物。属于这种动物的有海绵、珊瑚、水母等。但是就是这些动物，也还不是生命的起源。科学再往地层里深入，在那里可以发现更简单动物的遗迹，但是这种遗迹我们很难看得清楚，因为时代已经这样古远，这些遗迹就很难保存得好，也因为这种生物离现在的动物是这样远，简直和现在的动物没有类似的地方。

所以，从地层的化石我们知道，地球上的生命产生得非常之早，并且是从很简单的生物开始的，但是，这究竟是什么样的生物呢？并且它们又是怎样产生的呢？要明白这个问题，我们要依靠别的法子来研究。

从显微镜下看生命的起源

一、显微镜揭穿了细胞的秘密

显微镜是一架构造相当复杂的工具，可以把平常看不见的东西放大到几十倍、几百倍、几千倍。平常看不见的东西，在显微镜下就可以看得清清楚楚了。我们人类和动植物的身体，不论哪一部分，都可以切成很薄很薄的薄片加以染色（切成薄片加以染色是因为这样才可以使细胞的轮廓分明、内容清晰），放在显微镜的下面来看，就可

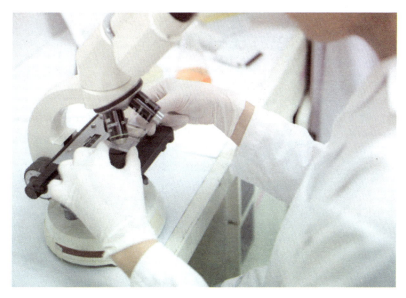

科学家用显微镜观察细菌

以发现我们人类和动植物的身体都有一个共同的特点，一个共同的结构，那就是"细胞"。细胞是什么呢？过去认为细胞就是生命的最小单位。但是这种说法现在看起来，是不正确的。因为现在我们知道还有比细胞更小的生命存在。不管怎么样，细胞总算是构成我们身体的很小很小的东西了。细胞里面都有一个核，叫作细胞核；细胞外面都有一层薄膜，叫作细胞膜；在细胞膜和细胞核之间充满了原生质（细胞质）。我们的身体就是由许多这样的细胞和细胞之间的物质结合而成的。我们人体的各部分细胞的形状，都不相同，有神经细胞、有肌肉细胞、有骨骼细胞、有皮肤细胞等。这些细胞各有它们自己不同的任务，由于它们的分工合作，我们的身体才能够顺利地生长发育。

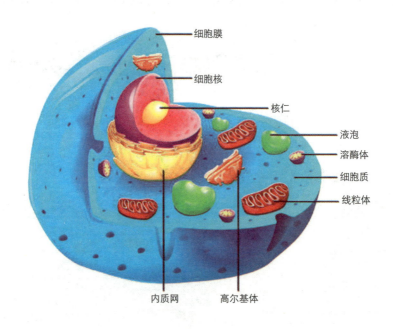

动物细胞结构图

不但是这样，生物学家又告诉我们一个事实，这个事实就是我们人类和动植物，在很古远的时代以前，都有一个共同的祖先，那个共同的祖先，就是一种最简单的单细胞生物。我们现在的生物世界，也就是由这种最简单的单细胞生物发展而来的。

但是我们在这里又发现一个问题了，这种极简单的单细胞生物，是不是我们地球上生命的最初起源呢？不是的。最近科学的发现告诉我们，地球上的生命并不是从单细胞生物开始的。极简单的单细胞生物，固然比其他生物为简单，但是它的内部构造仍然是很复杂的，它无论如何，还不是最简单的生物。

二、细胞也可以从蛋白质变成

研究细胞的科学，差不多有 100 年的光景，因为受了德国科学家微耳和（R.Virchow，1821—1902）的学说影响，认为细胞的前身必定也是细胞，细胞只能由细胞产生。因此，各种生物的身体只是细胞大大小小的集团罢了。后来恩格斯从唯物主义的观点来看细胞的起源，指出了微耳和的这种说法是错误的。恩格斯并不否认细胞是用分裂的方式来繁殖的，但是他断言，细胞也可以由蛋白质产生。很显然，当地球上出现生命的时候，细胞就是按照这个方式变成的。细胞是从原始的没有结构的蛋白质慢慢变成的。因此，蛋白质是构成细胞的主要成分，而同时也是细胞发展的基本来源。没有蛋白质就没有生命。

这个理论，最近已经由苏联科学家的研究完全证实了。当他们研究蝌蚪的时候，发现在蝌蚪的血液里没有细胞结构的卵黄球会转变成血球。这个发现指出了，细胞不一定只能由同类的母细胞发生，而且能够由没有细胞结构的"生活物质"转变而成。于是他们就选择了各种各样的含有"生活物质"的东西做研究的对象，进行了大量的研究工作。这些"生活物质"就是没有细胞结构而含有蛋白质，同时能进行新陈代谢作用的东西。他们最初研究了鸟，鱼和青蛙的卵。当研究鸡蛋的时候，他们发现了卵黄球转变成为细胞的全部过程。后来他们又研究水螅，用机械的方法，把水螅的细胞一个个都破坏了；但是经过了一小时之后，在他们所培养的东西里面就出现了许多针尖般大小的极小极小的小滴子；这些小滴子逐渐长大，长成许多没有显著的内部结构的蛋白质小块；这些蛋白质小块，加上一些养料，经过一昼

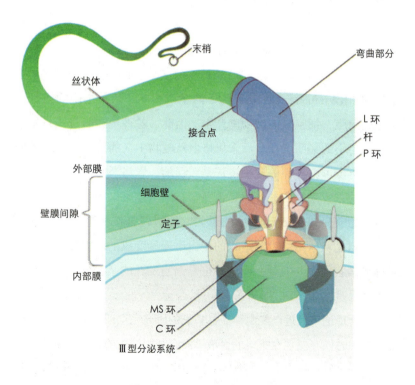

革兰阴性菌鞭毛结构图

夜，就转变成细胞的形态了。所有这些试验，告诉我们细胞能从某些没有细胞结构的更简单的"生活物质"变成。

三、肉眼看不见的微生物世界

显微镜的发明不但揭穿了细胞的秘密，还给我们开阔了一个新的世界，这个新的世界，就是我们肉眼看不见的微生物世界。

在微生物世界里，有三个国家。

第一个国家，是原虫的国家。在这一个国家里的居民，有各种各样的原虫：变形虫、鞭毛虫、纤毛虫、芽孢虫，这些都是原虫的代表。它们虽然都是以单细胞的身份出现，但是内部结构并不简单。它们有许多都是人类和动物体内的寄生虫。它们算是动物界第

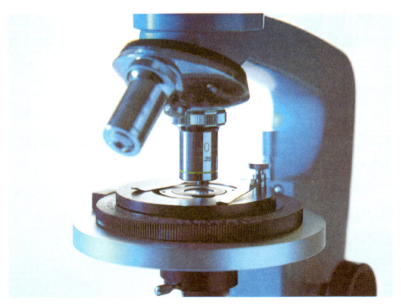

高清实验显微镜

一代的祖先。

第二个国家，是水藻的国家。在这个国家里的居民，有各种各样的水藻，它们的细胞里面都有叶绿素，有吸收阳光的能力，把碳酸气和水转变成糖类。它们算是植物界第一代的祖先。

第三个国家，是细菌的国家。在这个国家里的居民，有各种各样的球菌、杆菌和螺旋菌。有些细菌体内含有芽孢，有些细菌身上带有荚膜，有些细菌头上长有鞭毛。但是它们的细胞里面，并没有一个完整的看得出来的细胞核。因此，细菌实在是很小很简单的单细胞生物了。

让我们来看一看细菌的生活吧！细菌是无孔不入的活动家，它们在空气中流浪，在水里游泳，在土壤里翻身，在人类和动植物身上搬家。它们旅行到哪里，哪里就会发生重大的变化。有许多细菌都是生物界有名的坏蛋，它们是使我们发生传染病的战犯，它们破坏我们人类和动植物的健康。但是有些细菌对于人类也有益处，因为它们会发酵，人类就利用它们来造酒、做面包和酸菜，有些细菌不需要空气，也能够生存，它们对于土壤的改造是起一定作用的。有的细菌，会吸收空气中的氮，把它固定起来，这对于植物的生长是有功的。还有些细菌生活非常简单，依靠一些无机物也可以过日子，它们也能够在岩石上和温泉旁边生长。

细菌既然是这样渺小，生活又这样容易而简单，它们生长的区域又是这样广阔，地球上到处都有它们的踪迹。那么细菌是不是地球上最原始、最简单的生命呢？不是的。

四、比细菌更小的生物

还有比细菌更小更简单的生物，它们小得连显微镜也看不见了。

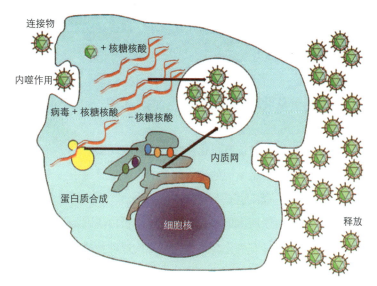

连接物

+核糖核酸

内噬作用

病毒+核糖核酸

核糖核酸

蛋白质合成

内质网

细胞核

释放

典型病毒复制周期

这种生物的名字，叫作"滤过性病毒"。

为什么叫它们滤过性病毒呢？叫作滤过性，是因为它们能够穿过一种用瓷做成的滤器。因为洞孔很小，用这种滤过器来滤含有细菌的汤水，细菌都滤不过去，而用来滤含有滤过性病毒的汤水，就会滤过去了。有些滤过性病毒常常带给我们天花、流行性感冒、伤风、脑炎、沙眼，以及其他许多动植物的传染病。

这些滤过性病毒比细菌还要小几百倍、几千倍。最近科学家又发明一种更高度的显微镜，叫作电子显微镜，它可以把所要看的东西放大几万倍、几十万倍，于是用普通显微镜看不见的引起天花和流行性感冒的滤过性病毒，在电子显微镜下面也现出原形来了。

很明显地，提起滤过性病毒，我们已经走近生物和非生物的界限了，因为这些滤过性病毒的体积比蛋白质分子只大二三倍，而且最小的滤过性病毒比最复杂的蛋白质分子还要小，滤过性病毒也许就是一种特殊复杂的蛋白质吧！

从化学变化中看生命的起源

一、蛋白质和其他一切有机化合物都含有碳元素

上面讲过，没有细胞结构的生活物质的主要成分是蛋白质，比细菌还要小的滤过性病毒，也是一种特殊的蛋白质。由此可见，在生命起源这问题上，蛋白质所占地位显得重要了。蛋白质就是一种很复杂的有机化合物。什么是有机化合物呢？凡是构成动植物身体的物质，以及用动植物身体做原料所制造出来的东西，很多都是有机化合物，例如酒精、醋酸、蔗糖、葡萄糖、淀粉、油和脂肪，以及其他各种各样的食品、衣料、药品、燃料、香料、染料等。那么这些有机化合物究竟和无机化合物有什么区别呢？化学家告诉我们，有机化合物就是碳元素的化合物。有机化合物在它的构成中，都含有碳的成分，有机化合物的主要成分就是碳。我们可以用简单的试验来证明这一点，如果我们拿了一些有机物，如木材、布、皮革、毛发、猪肉之类放在没有空气的地方，加热到很高的温度，就都会变成碳。相反地，如果我们拿了一些无机物，如石头、玻璃、金属之类，怎样加热也不会变成碳的。

有机化合物，就是碳元素和其他各种不同的元素的化合物，这些不同的元素里，包括有氢、氧、氮、硫、磷、铁及其他等。各种有机物，都是这些不同的元素和碳结合而成的。

二、蛋白质和其他一切有机化合物最初是怎样产生的

碳元素是一种非常普遍的元素，在各种天体上，在恒星上，在太阳系的各大行星上，在大大小小的流星上，都可以发现它的存在。

这些碳元素，有的时候是以天然的形态出现，如金刚石和石墨；有的时候是和金属熔化在一起；有的时候是和氢化合在一起。

科学研究证明了，我们的地球在最初形成的时候，它上面的碳元素，也是以这些形态出现的。

当地球开始形成的时候，碳元素就和其他各种元素在一起，尤其是和各种更难熔化的东西，各种重金属，特别是铁发生关系，结果产生了碳元素和金属的化合物，这就是地球中心轴的主要组成部分。

后来地球温度慢慢增高了，这些难熔化的金属元素，也大量地储藏在地球的中心轴上面，它们就变成了现在的矿山和山脉的薄膜，这些薄膜遮住了地球的中心轴。

当我们的地球还在年轻的时候，这些矿山和山脉的薄膜，比现在是稀薄得多，而且很不坚固，比较容易破裂，经过那些裂缝和缺口，地球中心轴的物质便涌流和喷发到地面上来，它们就和地球周围的大气接触。

今天包围着陆地和海洋，罩盖在地球表面上的大气，主要的成分是氧和氮。氧占大气全部的21%，氮占大气全部的78%。但是在最初的时候，地球的周围并不是这样，而是充满了热腾腾的水蒸气，这水蒸气就和喷射在地面上的金属碳化物的火流接触了。

在这种情形之下，究竟发生了些什么呢？我们知道金属碳化物和水蒸气的相互作用，能产生碳元素和氢元素的多种化合物，也就是"碳化氢"。

这些碳化氢于是开始和水蒸气结合起来，变化得非常迅速，结果

产生了许多复杂的有机化合物。因为在水的分子里所包含的原子，除了氢以外，还有氧，所以在新产生的化合物的分子里面，就包含了碳、氢、氧三种不同的原子。

在那时候，还有一种气体也大量地存在地球的周围中，这种气体叫作氨。氨就是阿莫尼亚。阿莫尼亚是一种氮和氢的化合物。那时候碳化氢不但和水蒸气发生关系，而且也和阿莫尼亚发生关系。在这种情形之下所产生的化合物的分子，已经是由碳、氧、氢和氮四种不同的原子构成了。

最初，碳化氢和由它们所形成的更复杂的有机化合物，是以气体的状态存在地球的周围。后来因为地球表面的温度逐渐降低了，在它周围中的水蒸气就凝结起来，变成了地球上原始的海洋。碳化氢和由它们所形成的化合物，就变成了这海洋中的熔化物。

碳化氢和它们所形成的化合物，是包含有伟大的化学力量的。如果我们利用它们做基本原料，就可以在实验室中，人工地制造出差不多所有一切复杂的有机化合物。用碳化氢和水，化学家可以制造出酒精、醋酸、油类和糖类，以及美丽的染料、芬芳的香料；如果同时再加上阿莫尼亚，就可以制造出各种氮素的有机化合物，其中也包括类似蛋白质的东西。

在无数有机化合物中，最重要的而引人发生兴趣的，就是蛋白质了。我们能在血液、组织、谷物、蔬菜中，在最简单生物的细胞中，在人体中都可以找得到它。

蛋白质的确是生命物质的基础。恩格斯曾经指出：凡是有生命存在的地方，我们都能发现蛋白质，它是与生命分不开的。

关于蛋白质的问题，科学家已经研究了 100 多年，可是它依然顽强地保守着它的秘密，有好些关于蛋白质的理论，也没有被科学试验所证实。

苏联科学家谢林斯基院士和他的同事格夫利洛夫教授，较早解决蛋白质分子构造的问题。科学家们揭开了这一复杂物质的秘密，说明了它的构造，指出了人工制造蛋白质的一些方法。

苏联科学家奥巴林告诉我们，碳化氢和由它们所构成的化合物，不但在实验室里，就是在原始海洋的水中，也能够变成糖类和蛋白质，以及其他复杂的有机化合物。

这些有机化合物，虽然变化得很慢，但是它们会不断地引起新而又新的化学变化，由小而大，由简单而复杂，逐渐产生了构造很复杂的有机化合物。这样的由于水和碳化氢中间的相互作用，在原始海洋的水中，发生了一连串的连续变化，形成了复杂的有机化合物，特别是蛋白质。我们今天地球上的一切生物，就是由这些有机化合物所构成的。

三、从有机物的溶液到蛋白质的小滴子

上面所讲的有机化合物，最初不过是以一种溶液的状态存在于原始海洋中，它们是谈不到有什么组织和结构的。但是自从有了蛋白质，而且这种蛋白质溶液是和其他种类的蛋白质的溶液互相混合在一起，它们就变成了一种混浊的溶液，在这里面浮游着蛋白质小滴子，这些小滴子的科学名字叫作"团聚体"。

什么是"蛋白质小滴子"呢？如果我们在一定的温度条件下把白明胶、鸡蛋清和其他类似蛋白质的溶液互相搅和起来，那么本来是透明的溶液，就要变成混浊的了。如果我们把它放在显微镜底下看一看，就可以看见轮廓粗糙的、游动着的小滴子，这就是蛋白质小滴子。

这种在溶液里浮沉着的蛋白质小滴子，已经具有一定的内部结

构了。它们里面包含的微粒，不是没有秩序地排列着，而是有一定的规律。由于蛋白质小滴子的出现，自然界中就开始有了一些有组织和结构的东西了。虽然这种组织和结构还是很简单，而且不是很结实的。

可是这种组织和结构的出现，对生命的起源具有很大的意义。因为每一个蛋白质小滴子，能够在不同的溶液里捕取周围的东西，把它们吸收在自己的体内，而且它们就这样长大起来了。

在我们研究现代最简单生物的组织和结构的时候，我们就能够一步一步地推想，蛋白质小滴子的组织和结构，起初是比较简单的，后来经过自然选择，逐渐变成复杂，逐渐变得完善了。这些变化最后的结果，必定会引起"突变"的，引起生活物质新形态的出现，引起最简单生物的产生。

这种原始的最简单生物的构造比蛋白质小滴子已经有显著的进步了，但是它比我们知道的现代的最简单的生物还要简单得多。自然选择继续进行，经过了许多年以后，它们越来越适合于它们的生存环境，同时生物的机体也越来越有组织了。

最初这些原始的简单的生物，都是以有机物为食品的。过了一个时期，这些有机物不够吃了，于是一些原始生物，又学会了依靠无机物来生存的本领。有些原始生物，能吸收阳光，利用这种能力以碳酸气和水分为主要原料，制造自己身体所需要的有机物，这样就出现了最简单的植物——蓝绿色的水藻。这种水藻的化石，可以在最古的地层里发掘出来。

其余的原始生物，都保留着以前的营养方法，于是那时候的水藻，又变成了它们的主要食物来源，细胞里的有机化合物，就被它们利用了。动物界最初的形态就是这样产生出来的。

四、从单细胞生物的产生到人类的出现

原始的海洋是生物的家乡。自从蛋白质小滴子出现之后，生命继续发展，到了原始生物更能适应环境、气候等的生存条件，于是小小的单细胞生物，如细菌、原虫和水藻之类，就统治了全世界。

又过了几千万年之后，在海洋的水里，出现了多细胞生物，如水母、软体动物、棘皮动物，跟着而来的就是三叶虫；三叶虫的出世，

三叶虫

夺了单细胞生物的宝座，成为大海霸王。我们今天所见到的昆虫，都是它后代的儿孙。

再过了几千万年，大鱼小鱼都出世了。

以后又出现了出没水陆的动物，号称两栖类。又过了一个时期就有爬行动物的出现。这些洪荒时代的爬行动物，都是奇形怪状，庞大无比。

两栖类和爬行类都没有自己维持一定体温的能力，因此，它们都是冷血动物。

地面的气候，一天比一天冷了。鸟类和哺乳类动物就依循着爬行类的继续发展道路而出现，它们都是热血动物。哺乳类动物以猿为最聪明，它利用两手攀登树木，剖吃果实，渐渐有起立步行的趋势。由于生产劳动的结果，古猿学会了创造工具和使用工具，大脑和双手的合作也越来越密切，越来越发展，因此就能够克服困难。这样，猿就变成了人。

总　结

从地球的历史研究生命的起源，我们所得到的结论是地球上的生命产生得非常早，几万万年以前就有最简单的生物出现了。这种最简单的生物，就是我们现代一切生物的祖先。

从显微镜下研究生命的起源，我们所得到的结论是细胞是构成我们动植物的身体的东西。而这些细胞，不但是由同类的细胞所产生，而且也可以由蛋白质发展而成。我们一般在普通显微镜下所能看见的最小最简单的生物是细菌，但是还有比细菌更小更简单的生物，那就是滤过性病毒（而且我们还不能说就没有比滤过性病毒更小更简单的生物了）。这种滤过性病毒，也就是一种特殊的蛋白质，也就是一种生活物质。这些事实都证明了，生命起源的线索要到蛋白质里面去找。

但是蛋白质是一种有机化合物，它和其他一切有机化合物都是从碳元素变化而来的。地球上的碳元素，最初是和金属元素熔化在一起，后来碳元素就和地面上的水蒸气接触，而变成碳氢化合物，这些碳氢化合物又和水蒸气、阿莫尼亚相结合，变成了各种各样的简单的有机化合物。这些简单的有机化合物，在原始海洋的水中，经过了许多相互作用，变成了更多更复杂的有机化合物，后来就产生了蛋白质。

蛋白质和其他一切有机化合物，起初是以溶液的状态出现，后来团聚起来，变成了蛋白质小滴子。最初这些蛋白质小滴子的结构比较简单，后来越变越复杂，越变越完备，逐渐发生了本质的变化，最后变成了原始的生物，变成了地球上一切生物的祖先。

这样，地球上的生命，从开始到现在，从简单到复杂，一共经过了许多阶段的变化，主要的可以分作下面几个阶段：

1. 从碳元素到有机化合物（包括简单的蛋白质）；

2. 从有机化合物的溶液到蛋白质小滴子，到原始的生物（这原始生物就是和生活物质以及滤过性病毒相类似的东西）；

3. 从原始的生物到没有完整细胞结构的生物（如细菌）；

4. 从没有完整细胞结构的生物到单细胞的植物和动物（如水藻和原虫）；

5. 从单细胞的植物和动物到多细胞的植物和动物（如三叶虫）；

6. 从多细胞的动物到鱼类；

7. 从鱼类到两栖类到爬行类到鸟类和哺乳类；

8. 从猿到人。

从有机物的产生到人类的出现，这中间经过了几万万年的时间，我现在只花一个多钟头就讲完了，讲得未免太简略了。

你们听过之后，也许在心里都会产生这样一个问题：为什么在今天的自然界里不会发生同样的事情呢？为什么现在的生物只能够由同类生物产生呢？我们知道生命发展的过程，是需要很长时间的变化。而现在任何有机物的溶液，不论在哪里出现，都会很快地被散居在空气、水和土壤里的细菌所分解。所以它就不能经过长期的变化，而变成有生命的蛋白质小滴子。

但是，也许我们可以在实验室里，用人工制造生命。现在科学已经能够详细地研究出生物的内部构造，我们一定能够用人工的方法制造出这种结构。

我讲的是一个真实的科学故事，这和宗教的、唯心的说法根本不同。这故事说明了，对于生命起源的唯物的看法，就是说生命不是精神的东西，而是物质的一种特殊形态，它们是在自然历史发展的一定阶段上产生出来的。这种对于生命的唯物主义的认识，给我们开辟了一条宽阔的道路，使我们能够解放整个生物界，来为我们人民服务，为我们伟大的祖国服务，为全人类的幸福服务。

1953 年 1 月

炼铁的故事

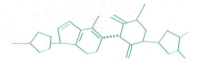

如果没有铁的话，我们的世界会变成什么样子呢？

一切机器的声音都停止了，我们的物质文明就会倒退很多世纪，重新过贫穷、落后、野蛮的生活。

那时候，从最小的螺丝钉到最大的锅炉都不能制造了。

那时候，不但马路上没有汽车，海洋上没有轮船，天空没有飞机，也没有高楼大厦、厂房、码头、仓库、铁路和桥梁。

就是手工业工人，也没有斧头、铁锤和锯子，农民也没有锄头和

铁 粉

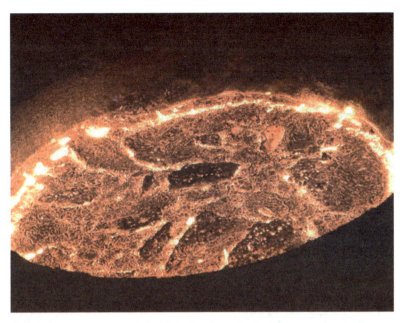

用来制造钢的一壶铁水

镰刀。一切劳动的工具，都只好用木头、石头和青铜制造了。

铁能使我们生活得更美满更文明，我们离不开它。

我们伟大的祖先，很早就发明了用铁做工具。不过，在那时候用土法采矿、炼铁，出产很少，质量也不好。

大约到了公元 1400 年的时候，才出现了规模较大的鼓风炉。从那时起，炼铁工人把他们不断地在劳动中所积累下来的经验和科学的成果相结合，才创造出现代化大规模的炼铁法。现在世界上已经有了新式鼓风炉，每 24 小时内可以产好几百吨铁。而且从采矿到炼铁的全部过程，也都机械化了。

你们如果到矿山上去看，就可以看见采矿工人正在用炸药把红褐色的铁矿石炸得粉碎，白天夜晚都可以听见轰隆隆的响声，像不断地在放炮。

你们又可以看见，在矿山的斜坡上，许多架铲矿石的机器，像坦克车一样地在走动着。它的前面伸出了一只长长的钢臂，钢臂头上挂了个有齿的大铲斗。管理机器的工人扳动把手，操纵着大铲斗，把成堆的矿石轻便地装进一节节的车皮里，让火车把矿石运到炼铁厂去。

到炼铁厂去的路上，你们远远地就望见有一排烟囱，像哨兵似的站立着。

你们走进工厂，就看见红褐色的矿石，堆满在广场上。

先走过炼焦炉旁，这是一个庞大的建筑物。你们又会看见焦炭从炉子里排出来，还在燃烧中就被吊车运走。

炼铁炉

接着你们就会看到那更有趣的部分了——鼓风炉。

这家伙像一座高塔，约有 10 层楼房那样高，肚子外层包着很厚的钢板，钢板里面砌着很厚的一层耐火砖，在它的身上还绕满了很多细细的管子，不停地流着水。

你们如果早来几个钟头的话，还可以看见小车一辆接着一辆地载着矿石、石灰石和焦炭，由升降机一直送到炉子顶上，把它们统统倒进鼓风炉里去，直到装满为止。

这时候，燃烧焦炭所必需的空气，由鼓风机经过送风管送进热风炉，空气在热风炉里变成温度很高的热空气，再送到炼铁炉里去。

鼓风炉里热得要命，矿石开始熔化，像火山的内部一样，沸腾着火一般的熔岩。

现在时候到了，工人把鼓风炉底上的小门挖开，于是通红的铁水汹涌地奔流出来，火花四面散开。这就是炼好的生铁了。

火红的铁水滚滚地从鼓风炉里流出来，沿着地上的小沟，流到巨大的桶里。桶是那样沉重，都是用车子或者桥式吊车来把它运到炼钢炉或铸造厂去的。

炼钢炉和鼓风炉外形虽然不一样，但里面的构造也差不多。在炼钢炉里，可以把铁里的杂质去掉，使它含很少量的碳。生铁的含碳量在 1.7% 以上，假若碳的分量减少到 0.3% ～ 1.6%，就变成了钢。

这样从炼钢炉里炼出来的，就是有光亮的、有弹性的钢。钢可以制成刀子、锯子、斧头、钢轨、钢梁、车床……

炼铁炼得又好又省又快，机器的声音就会更加热闹起来，我国社会主义工业化，也就能早日实现。

1954 年 7 月

细菌和滤过性病毒

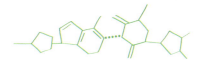

从灰尘说起

你如果坐在黑暗的房间里面，太阳光从百叶窗的缝隙里射进来，就会看见无数的灰尘在空气中飘舞。谁能想到在这些灰尘里面还隐藏着无数微小的生物呢？

如果这些灰尘落到一碗肉汤里面，伏在灰尘上面的微生物，就会立刻在那里生儿育女繁殖起来，那碗肉汤不久就会变得混浊而发臭，这是微生物活动的现象。

不但每一粒灰尘，就是每一滴自然界的水，每一只苍蝇、跳蚤、臭虫、虱子都带着许许多多的微生物到处传播。不过我们肉眼看不见它们罢了。

虽然微生物是肉眼看不见的，但是它们的活动早已为人类所注意了。我们的祖先，在很久以前，就知道利用自然界的发酵能力来做酒、做酱、做馒头和酸菜，以及其他发酵的食品。在这方面，微生物的生活对于人类是有益处的。

但是，有许多种微生物，特别是细菌和滤过性病毒（以下简称病毒），对于人类的健康有极大的危害性，它们常常是发生各种传染病的主要原因，例如鼠疫、霍乱、伤寒、结核、麻风、天花、流行性感冒、脑炎等传染病都是。这一点，古代的学者也早已有所推想。在古希腊时代，有一位历史学家福基迭德斯就曾说过："活的传染质，是许多流行病的主要原因。"在古罗马时代，有一位学者瓦罗也曾提到：侵入人体而引起传染病的是肉眼看不见的微生物。像这样的记载，在后来的历史中还有不少，不过在那时候显微镜还没有发明，这些说法只是一种尚不能证实的推论而已。

科学家的"眼睛"

显微镜的发明，是科学史上的一件大事。显微镜是科学家的"眼睛"，是人类和微生物斗争的主要武器，我们可以用它来揭穿看不见的世界里的秘密和侦察微生物的活动。

据说，显微镜是在17世纪初期，一位叫作詹森的荷兰少年发明的。詹森喜欢在他父亲装配眼镜的工作台上玩耍，一天，他把两块透镜装在铜管里，用来观察书上的字，字变得很大了。他父亲依据他的装置，就制成了显微镜。

显微镜的放大力比放大镜强大得多，普通放大镜只能把物像放大10～20倍。最高倍的光学显微镜，却能把物像放大到2000倍。

这是什么道理呢？

这是因为显微镜里面有两块透镜。第一块透镜叫作"接物镜"；接物镜能把物像放大，在显微镜里面映出一个实像。对于很小的物体，这样的放大力还是不够，所以又有第二块透镜——"接目镜"的装置；接目镜能把物体的像再加放大。

如果接物镜把物像放大到50倍，而接目镜再把物像放大20倍，那么显微镜放大的总倍数就是1000倍。

显微镜给人类揭露了一个新奇的世界。这种奇妙的仪器，在我们的医院、学校和研究所里都有。

谁是第一个发现细菌的人

　　显微镜发明不久，就有不少的人用它来观察各种小动物和小植物了。

　　第一个发现细菌的人，是列文虎克。他是荷兰德尔夫市市政府的一个看门老工人，也是一位显微镜制造家。他从小就喜欢磨透镜。他把这些透镜装置在金属的架子上，制成各种各样的显微镜，这些显微镜有的能放大150倍，有的能放大270倍。好奇心驱使他用这些显微镜来观察各种不同的小东西和各种不同的水。有一次他想研究辣椒所以有辣味的原因，他拿辣椒泡在水里，经过三个星期以后，再把它

工作中的列文虎克

拿来放在显微镜下观看。这一看，非同小可，他发现无数的各种各样的小东西在水里活动，其中最小的一种在它们中间穿来穿去，小到每100个排成一行才有一颗沙粒大，这种小东西就是细菌，这是1676年的事。后来，他又在人和动物的粪便里以及他自己的牙垢里，发现了同样的微生物，并且还把它们的形状描绘出来。

列文虎克发现微生物的消息传出后，许多人还不肯相信。后来经过许多学者的观察和研究，证明了列文虎克的观察是正确的。研究微生物的人，一天比一天多起来，并且公认列文虎克是微生物学的创始人。

把苍蝇变成大象

如果依照把苍蝇放大成为大象的比例来把细菌放大，细菌就可以变成苍蝇的蛋那么大了。

苍蝇的蛋就是一粒细胞，一粒颇大的细胞。由那一粒蝇蛋变成一只大苍蝇，不知要积累好几千好几万一样大小的细胞才成，而这需要有多少万万个苍蝇堆积在一起，才有一只大象那么大呵！

比苍蝇蛋略小的细胞是"阿米巴"。

"阿米巴"又叫变形虫，是很小的单细胞动物，全身只是一粒细胞，这粒细胞的直径最长不过0.3毫米。

比"阿米巴"再小的细胞，就是细菌了。

细菌是很小的单细胞植物，大约比"阿米巴"还小几十倍至百倍。

细菌这样小，我们要拿特别的单位作标准来量它，这个单位就叫作"微米"，一微米等于千分之一毫米。普通的杆状细菌，平均长2

微米，宽约 0.5 微米。最大的球状细菌直径是 2 微米，普通的球状细菌直径只有 0.8 微米。最长的细菌是回归热螺旋体，它长约 40 微米。最小的细菌长约 0.5 微米，宽约 0.3 微米。所以它们要在显微镜下放大约 1000 倍后，才能看清楚。

这样小的细菌，一个缝衣针头那么大一点儿地方，可以容纳得下一万万个以上。一滴水里，可以含有好几千万个，它们在一滴水里面游泳，好像鱼游大海一样。这样小的细菌，要 6 亿 3 千

1660 年罗伯特·虎克的著名显微镜绘图

3 百万个才有一立方毫米，要 6360 亿个才有 1 克重。无怪乎如果要把细菌变成苍蝇蛋，就要把苍蝇变成大象了。

细菌为什么是单细胞植物呢

为什么细菌是单细胞植物呢？

先谈谈细菌是什么。如果我们从显微镜下观察一片绿叶，就可以看到叶子是由一个一个的精巧而细致的、好像是蜂窝房那样的东西组织成的，这就是细胞。不仅是叶子，植物的其他部分也一样，一切生物体的组织都是由细胞组成的，细胞会吸收养料、会呼吸、会生长和繁殖。

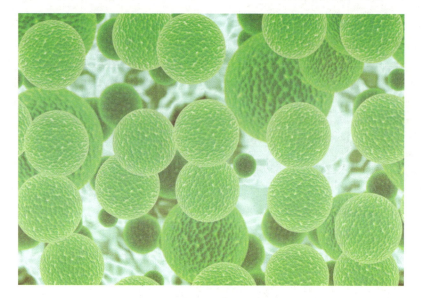

叶绿素

　　细胞是 19 世纪中叶发现的。恩格斯把它当作 19 世纪自然科学方面最大的发现之一。

　　多细胞植物和单细胞植物有什么区别呢？平常的花草是由数不清的细胞构成的，所以是多细胞的植物。而单细胞的植物全部只是一个细胞，也就是单个的细胞，却能独立过生活的植物。

　　单细胞植物最显著的例子是蓝绿色的藻类，它和一般绿色植物一样，细胞里面含有叶绿素（绿色植物的色素）[1]。细菌也是一种单细胞植物，但它的细胞里面却没有一点叶绿素，这一点和蘑菇、香蕈等植物一样。

－－－－－－－－

　　[1]　另外还含有他种色素和一种特有的蓝色素叫作藻色素。这类植物在植物学上特称蓝绿藻。

当列文虎克最初发现细菌的时候，他把它叫作小动物，因为他看到这些细菌都能活泼地在水里游泳，一般人总是把运动当作是动物独有的特征，其实，在植物界中也有许多种植物如真菌、藻、苔藓、羊齿，甚至于种子的生殖细胞，都是可以运动的，有些动物倒是固定不动的。

列文虎克之后，又有人叫细菌作纤毛虫，因为看它们的形状有些像这一类的单细胞动物。其实，细菌在形态上和单细胞藻类相似的地方更多，尤其是和蓝绿藻更相近，所以在1854年细菌学家就把细菌归入植物界了。

细菌是什么样子的

我们可以把含有细菌的东西挑下一点点，涂在玻璃片上，加上一滴清水，磨匀之后，放在显微镜的镜台上，把镜筒上下旋转，把眼睛贴在接目镜上，就可以看出细菌的形态了，不过这样看还是看得很模糊。

由于显微镜的制造越来越精巧，由于各种细菌染色法的发明——细菌也可以染上红的、紫的、黄的、蓝的和其他各种不同的颜色——细菌在显微镜下看起来，轮廓就明显、内容就清晰多了，因此，就可以把细菌作种种的分类了。

就其轮廓看来，细菌可以分为以下几种。

有的形状像小球儿，叫作"球菌"。

有的形状像小棒子，叫作"杆菌"。

有的形状弯弯曲曲，好像小小的螺丝钉，因此，叫作"螺旋菌"。

有的只有一个弯，叫作"弧菌"。

在球菌中，大多数都是成群结队地聚集在一起，有的像一把葡萄，叫作"葡萄球菌"，有的像一串珠儿，叫作"链球菌"；有的像一对豆儿，叫作"双球菌"；有的四个聚在一起，叫作"四联球菌"；有的八个垒成立方体，叫作"八垒球菌"。

在杆菌中，长短各不相同，有的两头都是平的，如"炭疽杆菌"；有的两头都是圆的，如"伤寒杆菌"；有的两头都是尖的，如"梭形杆菌"；有的两头粗中间细，如"白喉杆菌"；有的形状很像鼓槌，如带芽孢的"破伤风杆菌"。

细菌的细胞构造是怎样的

我们知道，一般植物的细胞，都有一层完善的细胞壁，细胞壁和原生质（细胞浆）有明显的分界；可是在动物细胞方面，却是没有细胞壁的（虽然有极少数原生动物，当它们形成胞囊时，会出现一层比较坚固的外壳，但这只是它们的生活史中的一个时期）。

我们再来看看细菌的详细构造。

细菌细胞的原生质大部分都是细胞质，细胞质的周围有一层薄膜叫作细胞膜，细胞膜外还有细胞壁，构成细胞壁的物质不是原生质。由于细胞壁厚而坚韧，所以能使细菌保持固有的形状。

由于有一定形状的细胞壁，所以细菌和其他植物一样，摄取的食料以及排出的废物，都是呈溶液状态的，并且都是经过细胞壁和细胞膜渗透过去的。这一点，细菌和一般单细胞动物也不一样。

从辩证唯物主义的观点来看，我们知道，动物和植物都是由最原始最简单的生物演变来的。因而在生物发展的最初阶段里，动物和植物的区别还不很明显，单细胞植物和单细胞动物之间的距离是很接近

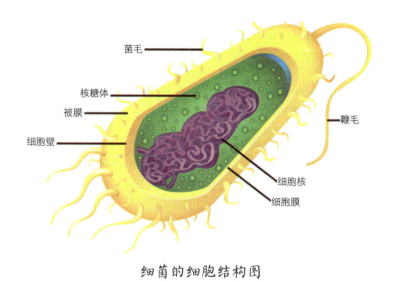

菌毛

核糖体

被膜

细胞壁

鞭毛

细胞核

细胞膜

细菌的细胞结构图

的。因此，恩格斯在《自然辩证法》里说："细菌是最单纯的、中性的（摇摆在动植物之间的）原始生物。"

细胞核

我们知道：每一个活的细胞里面都包含着原生质构成的细胞质和细胞核。细菌也是活的细胞，它的细胞里面有什么内容呢？因为细菌的细胞太小，在光学显微镜下很难看清楚它的内容，所看见的细菌内容只是相当均匀的一块，于是各人的判断就不同了。有的说：细菌的细胞里面全部都是细胞质。有的说：细菌的细胞质就是一团细胞核。又有的以为细菌的细胞核是分散在细胞质里面的。直到电子显微镜发明以后，我们才清楚地看出了细菌细胞的内部面貌。

　　试看一群葡萄球菌，我们可以看见每一个葡萄球菌的内部都有黑色的团子，和细胞质大不相同，有些科学家认为这类团子就是细菌的细胞核。

　　再看一个杆菌分裂的情形，也是在电子显微镜下摄影的，我们可以看出细菌细胞质和核同时分裂的现象。

　　可是有些细菌，就是利用电子显微镜也查不出里面有这种核。所以科学家做出结论：认为这一类的细菌，它们的细胞核分散在全部的细胞质里面；它们是比较低级的细菌，还没有充分地发展，所以不像大多数细胞中的细胞质和核那样可以区分。

　　电子显微镜是在1932年发明的，它是一种最新式的放大仪器，它不是利用光线，而是利用电子的放射线的显微镜。

　　这种奇妙的新的仪器，它的放大率比最完善的光学显微镜还要强得多。我们借助电子显微镜所能看到的微粒，比借助最强大的光学显微镜所能看到的小到1%。

　　电子显微镜和光学显微镜虽然在作用上有很多地方相像，在外貌上却彼此相差极远。

　　光学显微镜是一种不大的、比较轻的仪器，一个人就很容易把它移动。

　　电子显微镜却是一种笨重的家伙。它比一个人还高，它的镜筒立在一张小台子上，它的主要零件都是金属做成的。电子显微镜的各部分都配合得极其合适，合在一起成为一个圆柱形的镜筒。

细菌的自卫

　　有些细菌具有特殊的自卫装备。

一种装备是"芽孢"：

芽孢是一种圆形或卵形的东西，通常产生在细菌的中央或头端。芽孢只在有些杆菌的某一发育阶段里产生，在球菌和螺旋菌里面却没有。

产生了芽孢的细菌立刻就丧失了繁殖的能力，并且逐渐死去，但芽孢对于环境中的对它不利的因素，却具有坚强的抵抗力，它们能够经过煮沸而不死；能够在干燥状态中保持它们的生命到十几年，一旦到了环境条件适合于它们生存的时候，芽孢就逐渐发育成为细菌，并且又迅速地繁殖起来。所以芽孢能使细菌在空气和土壤里度过困难时期。

另一种装备是"荚膜"：

围绕着细菌的细胞壁外面，常有一层黏液性的薄膜，这层黏液性的薄膜在达到一定分量的时候，就变成了"荚膜"。这种荚膜，也要用特殊的染色法，才能在显微镜底下现出来。

荚膜是细菌的自卫装备，有了这层荚膜，细菌就不容易被白血球所吞食。肺炎球菌的致病力所以那样强，是和它的荚膜有密切关系的，一旦失去荚膜，它的致病力就会减弱而消失。有些不能致病的细菌也有荚膜；有些原来没有荚膜的细菌，也可以由于变异的原因而产生荚膜，有许多种致病细菌如炭疽杆菌和鼠疫杆菌，平常在培养基上没有荚膜，一旦进入动物身体里面，就现出荚膜来。

细菌怎样在水里游泳

我们常常在显微镜底下看见细菌在一滴水里活动，像鱼游大海一样。细菌怎能在水里游泳呢？这是由于它的细胞上面有一种特殊的运动器官，叫作"鞭毛"。这种鞭毛要用特殊染色法才能在显微镜下看见。有些细菌的细胞上长满鞭毛，像满脸胡子。有些细菌两头都长有鞭毛，像两条辫子。有些细菌只有一根鞭毛，像一根尾巴。这些鞭毛扇动起来，细菌就能在水里游动得很快。伤寒杆菌能在一小时内通过4毫米长的路程，这一点儿路程，在细菌看来实在远得很，因为它们的身长还不到2微米，而4毫米却是2微米的2000倍。霍乱弧菌飞奔得更快，它们可于一小时以内通过18厘米长的路程，这路程比它们的身体长9万倍。与它们身体相对地说，别的生物都不能跑得这样快。

这种运动并不是细菌唯一的运动方式，有些硫黄细菌并不具有鞭毛，也能缓慢地活动，像蠕虫一样。而螺旋菌由于它的细胞有节拍的伸缩作用，也能游得非常快。

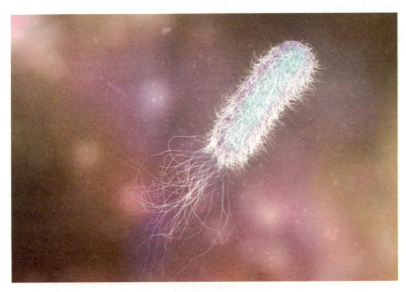

细菌的鞭毛

地球上最普遍的"居民"

细菌是自然界的小主人，也是我们地球上最普遍的一种"居民"，它随风飘扬，到处为家。空气、水、土壤、粪堆、垃圾堆，以及动植物和人类的身体都是它的居留地。

一切阴暗潮湿的角落，一切生物茂盛的地方，一切人群拥挤的场所，它最容易繁殖。

在空气里，它并不繁殖。大多数居住在空气里的细菌，都是有"芽孢"的；都是对干燥生活有抵抗力的；也有会产生色素。它随着尘土的飞扬、人和动物的呼吸，而被投入空气中，科学家曾在离海面2万米以上的高空找到细菌。幸亏所有致病的细菌，在阳光照耀下都不能在空气里活得过久。

水里的细菌

水是细菌的转运站，水里面含有硫黄细菌和其他水族细菌。自然界里的水，通常是没有致病细菌的，但是，如果水源被人畜的粪便所污染，就会带有伤寒杆菌、痢疾杆菌、霍乱弧菌。这三种阴险的病菌在井水、河水里活跃起来，抵抗力较弱的人如果不注意卫生，喝一口这样的水，就会染上伤寒、痢疾、霍乱等病，所以在检查我们的饮水的时候，如果发现有大肠杆菌，那就是饮水受了粪污传染的证据。

自然界的水里面，雨水应当是很干净的了，然而当雨水下降的时候，若是空气中的灰尘很多，带下来的细菌也会增加。据巴黎门特苏里气象台的报告，巴黎市中的雨水，每一公升含有 19000 个细菌，在野外空旷的地方，每一公升的雨水不过一二十个细菌。

假如井壁砌得严密，井口保护得法，或井上装有抽水机，那么，即使是"浅"井里的水，细菌也还不至于太多；若井口没有盖，一任灰尘飞入，那就很污浊了。

江河的水是最不干净的，那里面不但有很多水族细菌和土壤细菌，而且还有很多粪便中的细菌，这些粪便中的细菌可能有传染疾

水中的细菌

病的危险。

海洋的水比淡水干净。海水离陆地愈远愈干净。有一位细菌学家测验过，在近岸的海水中，每一立方厘米有 7 万个细菌；离岸 4000 米以外，每一立方厘米海水只有 57 个细菌。在大海之中，细菌的分布很平均，海底和海面的细菌几乎一样多。

由地心涌出来的泉水，常常是自然界最清洁的水。据报告：这样的水，平均每一立方厘米只有 18 个细菌。

化学工作上，常常需要没有杂质的清水，于是就有蒸馏水的发明，一方面将浊水煮开，让它蒸发，一方面又把蒸汽收留而凝结成清水，这种改造过的水就比较干净而没有杂质了。

医学上注射用水，不允许有一个细菌，或一粒芽孢存在，于是就有无菌水的发明。无菌水就是把装好的蒸馏水放在蒸汽灭菌器里消毒，把水里的细菌完全毁灭，这种双重人工改造过的水，就是我们今天所有的最干净的水了。

土壤和植物身上的细菌

土壤是细菌的老家，土壤里面本来就有很多细菌，能从无机物质里制造自己所需要的养料，不依靠有机物而生存。可是，又有许多种细菌，随着人和动物的粪便和其他排泄物，以及腐烂的动植物的尸体，深入到土壤里面去，所以土壤也是各种微生物活动的场所。

大多数的土壤细菌，都盘踞在离地面 5～20 厘米深的土壤里，入土愈深细菌愈少。在干燥的土壤里，细菌生在比较深的地方。在含水分多的土壤里，在 60～90 厘米以下，就几乎完全没有细菌了。在经人灌溉过的轻松的土壤里，则在 270 厘米的深处还有细菌。

　　根据苏联科学家最近的报告：如果从前认为 1 克重的土壤中有 10 万到 100 万个细菌，那么现在呢？在更完善的研究方法下，他们确定了，1 克重的土壤中细菌的数量有 1 亿以至 10 亿个。

　　那么多的细菌在土壤里生活着，发育着而且繁殖着。假定细菌的每一个细胞在自然生存的条件下，每月分裂两次（在实验室中生长的条件下，细菌的细胞每隔 20 分钟就分裂一次），那么全部细菌在长达 5～9 个月的植物生长期中，在 1 公顷土壤的耕作层里，就平均要出生几十吨细菌。这些土壤细菌能够把土壤里的腐烂的动植物分解出来，给土壤造成巨大数量的有机质和矿物质的化合物。

　　土壤中的细菌对于农业最有益处的，就是氮化细菌，它能把氮制造成硝酸盐来供给植物的营养。

　　苏联科学家戈斯法契夫院士的女学生希劳乌莫娃发明了用人工的方法来培养氮化细菌，把氮化细菌制成生物制品，当作一种肥料。在这种生物制品中，差不多每 1 克都含有 10 亿个细菌。它们能把空气中的氮素变成硝酸盐，成为一种很好的肥料。这种生物制品经过多次的试验，证明能提高小麦、裸麦、大麦、甜菜等的收获量 15%～30%。

　　还有一些氮化细菌生长在植物身上，最显著的例子就是根瘤细菌，它产生在豆科植物的根瘤里面，还有些细菌也居住在其他高等植物的根部和根的周围，这些细菌，都能帮助植物制造养料，使植物得到滋养。也有些细菌分泌出各种抗生素，使植物免受致病细菌和真菌的侵害。

　　在细菌学发展的初期，科学家们多集中全力来研究动物和人类的致病细菌，很少注意到植物方面的致病细菌，甚至于有人认为大多数的植物，由于细胞壁的厚而坚韧，是不容易受细菌侵害的，因此，关于植物的致病细菌的知识，我们知道的并不多。

昆虫和细菌的关系

小的动物如昆虫之类，由于它们的生活多接近于泥土、粪污和垃圾，很容易沾染上细菌，又有一些细菌的病毒能在昆虫体内发育繁殖，而昆虫都是会飞、会跳、会爬的，当它接触人类的皮肤、食物，或在用具上面盘桓的时候，就把这些细菌和其他微生物传染给人类了。这对于人类的健康是有极大的危险的，如苍蝇会传染伤寒、霍乱、痢疾，蚊子会传染疟疾、黄热病、脑炎；跳蚤会传染鼠疫；虱子会传染斑疹伤寒、回归热、战壕热；白蛉子会传染黑热病。

危害动物身体的细菌

大的动物如家禽、家畜之类，由于它们的生活习惯多和泥土接近，泥土里常常含有各种致病细菌，就很容易伤害它们的身体，鸡霍乱病就是一个例子，鸡把含有鸡霍乱细菌的泥土和食物吞进肠胃以后，就会发生鸡霍乱病。

鸡霍乱病一旦发生，整个鸡群就会在短时间内被它所消灭。这种病虽然不能传染给人，但对于人们的经济是一个重大的损失，所以病鸡要和好鸡隔离，养鸡场必须打扫

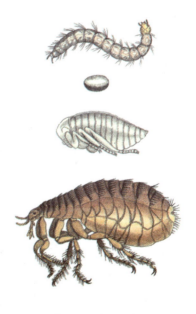

跳蚤从幼虫到成虫

干净，并且加以消毒，更重要的是要加强管理和改善饲料。

另一个重要例子，就是炭疽病，这是在牧场上所常见的一种家畜传染病。炭疽病的原因，是由于炭疽杆菌在动物体内繁殖的结果。

炭疽杆菌是在传染病细菌里面最早被人发现的一种。它和其他致病细菌不同，它不但能在动物身体里面繁殖，而且能在泥土里面生存。

炭疽杆菌含有芽孢，在适当的环境里面，它的芽孢就会发育成细菌而繁殖起来。假如一块牧场的泥土里面含有大量炭疽杆菌的芽孢，而我们在那里放羊或放牛，牛羊自然很容易把这些芽孢连同牧草一齐吃下去，这些芽孢在它们肠子里繁殖起来，它们就会受到传染。有时，几十头甚至几百头牛羊会同时受到传染，此后病牛病羊的粪便里就含有无数炭疽杆菌，它们在泥土里会变成芽孢，而且能长期生存着，有时也会随着灰尘而飘扬，这样，它们就很容易落到动物的身体里去了。

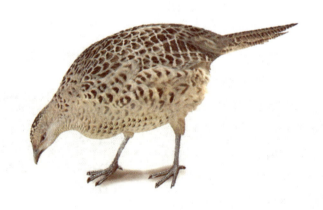

鸟类可能成为细菌传播的媒介

到了动物身上以后，炭疽杆菌就会通过皮肤和黏膜的伤口而侵入到血液里去，那动物的肝脏、脾脏和肾脏，以及其他器官都会受到侵害。

炭疽杆菌不仅对于牛羊，就是对于马，对于许多其他动物也是有害的，人若遭受传染，也不能避免得病。

还有其他的例子，如有一种危险的致病细菌，叫作马鼻疽杆菌。这种杆菌生长在马、驴、骡的身上，使它们的呼吸器官发炎，从鼻孔中流出血来，有时看马的人也会受到传染。又如牛结核杆菌，生长在牛身上，人要是吃了带菌的牛奶，也会得上结核病。鼠疫杆菌，也是一种极危险的致病细菌，它是生长在老鼠身上，经过鼠蚤而传染给人类的。所以，为了畜牧业的繁荣，为了动物和人类的健康，我们必须时时刻刻对于这些危害动物生命的致病细菌提高警惕，严密预防。

人体皮肤上的细菌

现在要谈到人体身上的细菌了，先看看我们的皮肤吧。

我们的皮肤外层由无数鱼鳞式的细胞所组成，这些皮肤细胞时时刻刻都在死亡，内部又生长新的细胞来补充。同时，皮肤的内层，有脂肪腺时时都在出油，有汗腺时时都在出汗，这些死细胞、油、汗和外界飞来的灰尘相拌，就是细菌最妙的食品，于是有许多种细菌都聚集在皮肤毛孔之间。

这些细菌里面，最常见的就是白色葡萄球菌，它的数量最多，占皮肤上细菌总数的90%，每个人的皮肤上都有这种细菌。

其次，就是黄色葡萄球菌，占5%，这种细菌不但要吃皮肤上的

手上的细菌

污垢，还要侵入皮肤内层去吃淋巴。它们被微血管里的白血球看见了，双方一碰头，就打起仗来，于是那人的皮肤上就生出疖子，疖子里面有白色的脓液，脓液就是白血球和葡萄球菌混战的结果。

其他普通的细菌，如大肠杆菌、变形杆菌有时也在皮肤上出现，但是皮肤不是它们的用武之地，不过偶尔来到这里游历罢了。

皮肤一旦遇到了凶恶狠毒的病菌，如丹毒链球菌、麻风杆菌之类，那就有极大的危险，不是寻常的事了。

不过，我们的皮肤有消灭细菌的力量，在健康的皮肤上滴上一滴含有细菌的水，细菌就很快地减少，等到过了 30～40 分钟，这一滴水里就没有活的细菌了。

呼吸道上的细菌

我们移转眼光去观察鼻孔。

鼻孔的门户是永远开放的，整天整夜在那里收纳世界上的灰尘。在北方，大风一刮，走沙飞尘，这两个鼻孔就像两间堆煤栈，差不多空气里所有的细菌，都会到那里游历。这些来访的小客人，重要的是类白喉杆菌、链球菌、结核菌和白色葡萄球菌，有时来势凶猛，鼻孔的纤毛阻挡不住它们，就冲进鼻孔，到了咽喉。

咽喉是入肺的孔道，平时四面都伏有各种细菌，如绿色链球菌及卡他球菌之类，也可以存在致病细菌。当天气骤然变冷的时候，咽喉把守不紧，肺就危险了。

肺港是一个曲折的深渊。侵犯肺部的细菌，最危险的有两种：一种是急性的，叫作肺炎链球菌；一种是慢性的，叫作结核杆菌。

结核杆菌，不但会侵害人的肺，而发生肺结核病；并能侵入肠子发生肠结核；侵入脑膜发生脑膜结核；甚至于骨头也会发生骨结核。其中，脑膜结核是最严重而危险的传染病。

肺结核病，是由病人在咳嗽时所吐出的痰而传染的。肺结核病人任意吐痰，对于他周围的人是一种莫大的威胁。病人的痰里，含有很多结核菌，当痰干燥变成灰尘之后，结核菌就随着灰尘而飘浮在空气里，健康的人如果把这种灰尘吸进去，就会受到传染，这样传染起来，有时全家都会感染结核病。但是，如果不随地吐痰，和病人接触的时候小心谨慎，戴上合宜的口罩，是可以避免传染的。特别应该牢记着：肺结核病人的痰是传染结核病最重要的媒介。

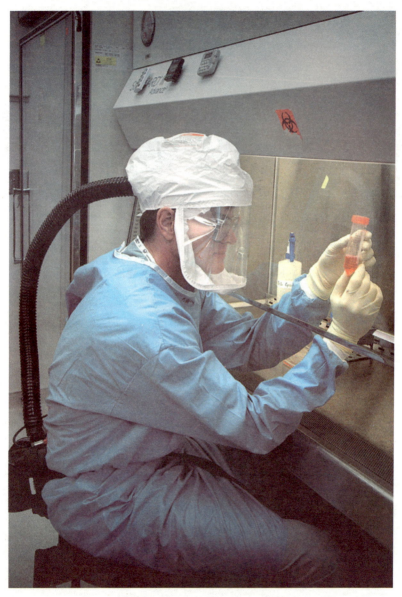

研究 H5N1 的科学家

口腔里的细菌

口腔是消化道的门户，也是细菌的过道，许多种细菌都由这里出入。

我们的唾液，在平时虽然也有些微弱的杀菌力量，但是，如果唾液里含有食物的渣汁，反而变成了培养细菌的培养基。

常常有人齿龈发炎，而感到牙疼，这是和细菌的繁殖有关系的。

在普通人的口腔里，常常能发现白色和黄色的葡萄球菌以及绿色链球菌，也可以发现溶血性链球菌，若是抵抗力降低的人就有得咽喉

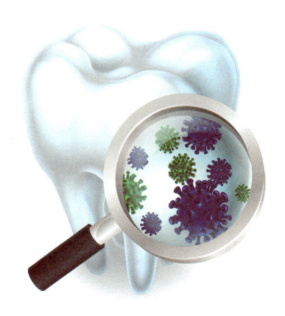

牙齿上存在微小的细菌

炎和扁桃腺炎的危险。

在很多人的口腔里，常常能发现肺炎球菌，有时也会发现脑膜炎球菌，此外，口腔在不同的时期内，还含有多种不同的杆菌，如类白喉杆菌、变形杆菌、梭形杆菌，以及各种螺旋菌等。

肠管里的食客

胎儿在母体内的时候，肠子里是没有细菌的，但自婴儿呱呱坠地开始，细菌就源源不断地随着奶汁及各种食物混进来了。混进来的细菌，一冲到胃里，大部分都要被胃酸杀死；只有一小部分顽强的分

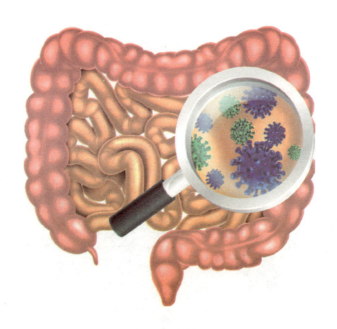

肠道细菌

子，如含有芽孢的细菌，能通过胃液。有时候胃里消化不良，胃酸减少，细菌就能偷渡过去。它们在小肠里会齐，在大肠里大量地繁殖，等到食物变成了屎，细菌也就变得更多了。平均每人每天所排出的大便里面含有细菌 8 克重，计算起来它的数量可达 128 万亿①之多。这些细菌当中，以大肠杆菌占最大部分。

人类的大肠就是细菌的大菜馆，细菌就是我们肚子里的食客，这些食客，有的是长期的，有的是短期的。除了大肠杆菌以外，还有许多种别的细菌，如肠球菌、嗜酸杆菌、产气荚膜杆菌及酵母菌等，也会先后出现。它们的出现，是随着我们所吃的食物的性质而转变的，如肠内淀粉类过多，产气荚膜杆菌就很容易繁殖了；如吃了含有适量乳糖的牛乳，就可以使乳酸杆菌和肠球菌迅速增加。这些细菌食客，在平时，对于人类不但没有害处，而且有助于人体的健康，所以有些人把这类细菌叫作长寿的杆菌。

肠管里的刺客

有的时候由于不注意饮食卫生，喝了生水，吃了苍蝇爬过的东西，细菌就从这些不干净的水和食物里混进来了。这些细菌不是食客而是刺客，它们在我们肠子里横冲直撞，若是碰到缺乏抵抗力的人那就坏事了。这些刺客就是以著名的伤寒、霍乱、痢疾为首的那一群穷凶极恶的细菌。

第一名刺客是伤寒杆菌。伤寒杆菌是伤寒病的凶手。它满身是鞭毛，能飞快地在水里游泳。它的老家是大粪，被带菌者所污染的

---

① 这个数目与"把苍蝇变成大象"一节里所说 6360 亿个细菌重 1 克的计算不符，是因为细菌大小不同的缘故。

水和牛奶，没有洗净的青菜、水果，以及生活在污水里的螺、蚌、蛤蜊的身体等。它又可以附在苍蝇和污手上面，到处游行。它到了人的肚里，就很快地繁殖起来。如果条件合适，它就穿破肠壁，冲进血管，蔓延到全身，甚至于肝脏、脾脏和骨髓里，于是人就得了伤寒病。

伤寒病有一个特点，就是病人的温度像台阶似的一天一天地上升。这种病另外一个特点，就是病人的肚皮上有时候会现出玫瑰色的斑点，这是由于肠的微血管给伤寒杆菌堵住了的缘故。

第二名刺客是霍乱弧菌。霍乱弧菌是霍乱病的凶手。它是一种弯腰曲背的细菌，也有一根鞭毛，也能很快地在水里飞奔。它和伤寒杆菌一样，也是从病人的粪便里出身，它也会在河水和井水里短期生活。

生水、苍蝇和污手把霍乱弧菌带到我们的食物里面，人们在吃这些食物的同时就把霍乱弧菌吞了下去，如果霍乱弧菌在胃里没有被胃酸杀死又到了肚里，缺乏抵抗力的人就会感染霍乱病，而发生强烈的反应了。

霍乱病的病状是，突然大吐大泻起来，到了后来，因排泄出去的水分过多，使血液循环发生障碍，血压下降，体温减低，肌肉痉挛，最后心脏发生麻痹而死亡。

第三名刺客是痢疾杆菌。痢疾杆菌是细菌性痢疾的凶手，它也是由于饮食不卫生而传染的。痢疾主要的病状就是肚子泻，一天一夜能泻好几十次，大便里有脓有血，脓多血少，有时还会呕吐、肚疼、抽风、昏迷，甚至死亡。婴儿患者的死亡率是很高的。

要预防伤寒、霍乱和痢疾，就应该注意饮食卫生和环境卫生，饮水要消毒，食前要洗手，扑灭苍蝇，保护食物，注射疫苗。

怎样在实验室里培养细菌

在自然界里，在人体里，细菌都是群居杂处的，这就是说它们都是许多种聚集在一处的，因此，科学家要检查细菌，要研究某一种细菌的生活特性，就必须把它从它的同伴中分离出来，加以人工的培养。科学家培养细菌，就和园艺家在地上种植马铃薯和萝卜一样，得给它们以适当的滋养；先给它们预备好许多干净的玻璃房屋，如玻璃瓶、玻璃试管、玻璃平板等都是，再给它们预备好许多美味的食品，如牛肉汤、豆汤、萝卜汤、马铃薯、牛奶、鸡蛋白、牛心、羊脑之类，有的时候还加上一点葡萄糖、乳糖和蔗糖，有的食品还被凝结成冻膏。这些房屋和食品都是经过严格的消毒的，这些预备好的食品就

科学家在用培养皿培养细菌

是细菌的培养基。

在制造细菌培养基的时候，首先要照顾到细菌的营养需要，有些细菌的营养是可以自给自足的，它们不依赖有机物而生存，它们能像绿色植物一样，利用空气中的二氧化碳（碳酸气）来制造碳水化合物（糖类）；同时还能够摄取氨（阿莫尼亚）及硝酸盐中的氮，来制造自己所需要的蛋白质。这一类的细菌叫作"自养菌"，只需要供给它们以无机物的养料就可以生存。

另一类细菌的营养不能自给自足，它们是依赖有机物而生存的，它们只能够从有机物中摄取碳的成分，至于氮的来源，有的是从氨的化合物中摄取，有的是从氨基酸（是蛋白质分解出来的东西）中摄取，又有的只能够从各种不同的蛋白质中摄取，这类细菌叫作"异养菌"。它们各有不同的嗜好，就需要供给它们以各种不同的有机物为养料。

此外，在细菌的营养中，还需要有矿物质。如钠、磷、镁、铁及钙等盐类，都是细菌所需要的主要矿物质。各种维生素、生长素对于有些细菌的生长也是不可缺少的。

第二，要照顾到细菌的呼吸需要。有些细菌也像动植物一样，需要吸进空气中的氧，这一类细菌叫作"需气菌"，大多数细菌都属于这一类。也有一些细菌并不吸进空气中的氧，而是在有机物质的分解过程中取得需要的氧，这一类细菌是不靠空气生活的，相反地，空气对它们有害，因此，叫作"厌气菌"，属于这一类的细菌有破伤风杆菌和气性坏疽杆菌等。

第三，要照顾到细菌的温度需要。有些细菌是爱冷的，这些细菌最适合的培养温度是 $15℃\sim20℃$，例如许多种的水族细菌和那些在低温中能够生长繁殖的细菌。

有些细菌是爱温的，最适合于它们繁殖的温度是 37℃，例如大部分致病细菌，它们都能够在人和动物的体温条件下繁殖。

有些细菌是爱热的，最适合于它们繁殖的温度是 50℃～55℃，例如某些土壤、温泉里的细菌。

第四，要照顾到细菌对于酸碱度的需要。各种细菌都有它们所爱好的酸碱度，在酸性太强或碱性太强的环境里，它们都不能生活，因此必须调整到培养细菌所需要的酸碱度。

细菌是怎样繁殖起来的

在这些培养的条件都具备了以后，细菌一旦被移植到新的培养基上，就会很快地繁殖起来。一般说来，在普通情况下细菌都是用分裂方法来繁殖的，所以细菌又叫作"裂殖菌"。每一个细菌长大以后，它的细胞就逐渐拉长。细胞的腰部逐渐变细，最后断裂开来。这时，一个细菌就变成了两个，用同样的方法，两个变成四个，四个变八个，大约每隔 20 分钟一变，过了 24 小时，它的数目就变得很多，数也数不清了，于是人眼也可以看见它的"集落"了。"集落"就是细菌在固体培养基上繁殖所造成的肉眼可以看见的集团，我们称它为"集落"或"菌落"。

每一种细菌都按照自己的花样聚集在一起，各种细菌都有各种不同的"集落"。

普通的球菌、杆菌和螺旋菌，都是用这种分裂方法来繁殖的，但是有的细菌有时也用出芽的方法、分枝的方法或产生芽孢的方法来繁殖。

只看到细菌的分裂繁殖这一方面，好像细胞只能从细胞产生。在

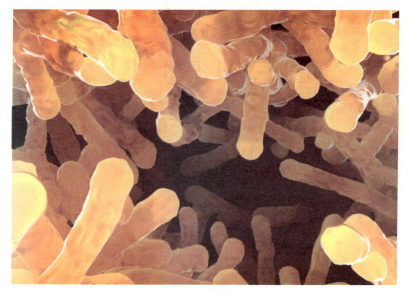

杆菌菌落

这个问题上，著名的法国科学家巴斯德曾经有过一个严重的错误，他和他的学生企图用试验证明细菌只能由细菌产生。他把干草浸出液放在长颈瓶里，煮了又煮，并且不让空气中的细菌从瓶口跑进去。这样做，浸出液里是不会有活的细菌了，放了几天后，浸出液中还是没有细菌。因此，他认为在干草浸出液里，除了已经和干草在一起的细菌，或从空气中落到瓶里的细菌能繁殖以外，细菌是不能自然发生的。巴斯德的错误，是由于他受了德国科学家微耳和的理论的影响，这个理论认为："生命从细胞开始，除了细胞以外再没有生命。新细胞只能用分裂繁殖的方法产生。"

　　这个理论是错误的，并且也为苏联科学家的试验所否定。他们经过多年的研究，用人工培养卵黄球和水螅等生活物质的方法，证明细胞并不是生命的最小单位，还有比细胞更简单的生活物质，也能够产生出活的细胞来。巴斯德试验用的浸出液之所以没有产生细菌，是因为他把浸出液煮沸和消毒的时候，不但杀死了里面的细菌，同时也杀死了它所含有的生活物质。

滤过器的发明和细菌毒素的发现

科学家为了要把细菌从含有它的液体里面除去，就利用了各种滤过法，如用滤过纸、有细孔的黏土杯和石棉纤维，结果都不能拦阻细菌通过。到了1884年，有一位科学家应用了未上釉的磁管制成一种滤过器，这种滤过器的洞孔非常细小，只有比细菌还小的东西才能通过去，用这种滤过器可以把细菌的细胞和它所分泌出来的毒素分离开。有许多种细菌都会分泌毒素，这些毒素的毒性都非常猛烈，例如白喉杆菌的毒素，只要0.002毫升，就可以杀死一只活泼的豚鼠，1毫升的液体约等于20滴，因此，一滴毒素就可以杀死500只豚鼠。

用这种滤过器作试验还可以把细菌和非细胞形态的滤过体——病毒——分离开来。

病毒的发现

首先发现病毒的人之一，是俄国的科学家德密特里·约瑟夫维奇·伊凡诺夫斯基。

伊凡诺夫斯基是病毒学的创始人之一。当他还在彼得堡大学植物系求学时，就被派往乌克兰和比萨拉比亚去调查烟草的一种神秘的病害——花叶病。他很细心地研究了烟草的这种病，他从有病的烟草叶里面榨取液汁，拿这种液汁用一种磁制的滤过器加以过滤，所有在显微镜底下可以看得见的微生物都留在滤过器的上面，只有比最小的细菌还要小的东西才能滤过去。这就是说，在这种滤过液里面已经不含有任何细菌了，但是这种滤过液仍旧能使其他烟草的正常叶片受到传染。显然的，在病烟草的液汁中一定含有一种非常渺小的东西，它能够通过这种滤过器，而使正常的烟草发生斑点，不过这种东西，比我们已经知道的细菌还要小得多。

于是在1892年伊凡诺夫斯基发表了他的第一篇论文，题目是《论烟草的两种疾病》。他的研究证明了，在微生物世界里除了细菌以外，还存在着比细菌更小的一种传染病的病原，这种病原能通过细菌

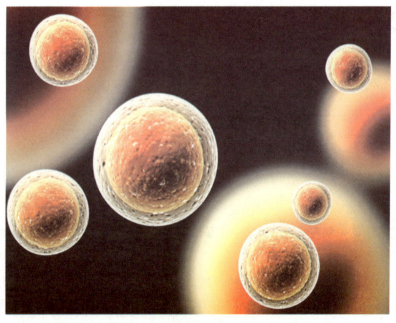

病原病毒

所通不过的一种最细小的滤过器，因而，他就叫这种病原作滤过性病毒或简称病毒。这个发现，给生物学的新的部门——病毒学打下了基础。

病毒的大小和形状

病毒的体积究竟有多么小呢？我们知道它们的体积普遍比细菌还要小得多，所以在最高倍的光学显微镜下也看不见。但是自电子显微镜发明以后，我们已经能够很准确地研究病毒的大小和形状了。按照它的大小来说，我们要用毫微米作单位来计算，1毫微米等于1毫米的百万分之一，不消说它们是非常小的东西。但是用电子显微镜，我们就可以看见那些宽度达数毫微米的微粒，并且还可以把它们摄影下来，例如我们已将烟草坏疽病病毒的微粒摄影成功，这种微粒的直径只有17毫微米。烟草花叶病病毒的微粒和坏疽病病毒比较起来那就大得多了，它们的平均长度达280毫微米，而宽度是15毫微米。大家都知道，在普通光学显微镜下可以看到的杆菌体积的平均长度为2000毫微米，宽度为400毫微米。

但是我们不能说病毒微粒体积的大小，就是它和细菌的根本区别，因为现在我们已经知道有些细菌，它们的大小和最大的病毒微粒相等。这些细菌很像病毒，能够穿过最细的细菌滤过器，它们的长度只有150～180毫微米。

在另一方面，拿病毒的体积和蛋白质的分子比较一下，也是很有趣的。显然，就在这方面也找不出根本的区别来，例如红血球的血红素，它的体积长15毫微米，宽3毫微米，和烟草坏疽病病毒微粒对照一下，那它们的大小也就相差无几了。除此以外，我们还知道有些蛋白质的分子比血红素的分子要大得多。

上面所举的例子告诉我们：如果单凭体积的大小来评断的话，那么病毒既不能和最小的细菌有所区别，也不能和最大的蛋白质分子有所区别。

按形状来说：病毒的形状颇不一致，动物病毒的形状多半是球形，如流行性感冒病毒就是这样；植物病毒的形状多半是针形；细菌病毒多半是蝌蚪形。

病毒不是细胞

除了它们的体积比一般细菌都小得多以外，病毒还有什么特征呢？由于病毒学进一步的发展，我们发现病毒有一个显著的特征，就是有许多植物的病毒能形成真正的结晶体。

也许病毒和细胞生物之间更重要的区别是在于病毒的身体里面只含有很少的水分。各种生物的细胞，所含有的水分往往达80%～90%；病毒就不同了，它们虽居住在潮湿的环境里面，也只含有极少的水分。这种情形，在植物病毒中常常可以看到，至于人类和动物的病毒，其中有几种，例如天花的病毒就含有大量的水分。

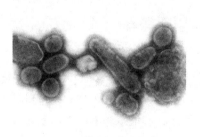

流感病毒图像

最后，病毒还有一种特性，使它们在本质上和最简单的细胞不同，那就是它们没有和外界环境相隔离的半渗透性的表膜，它们是赤身裸体的蛋白质微粒，这些微粒的表面直接和外界物质相接触。生物的细胞包括最原始的细菌在内，就不是这样，它们经常都是有细胞膜的。

从上面所讲的几个特征看起来，我们就可以得出一个结论，病毒不是细胞。

病毒也有生命吗

病毒不是细胞是什么呢？是蛋白质，是一种比较复杂的蛋白质——核蛋白质或是核蛋白质与其他成分的复合体。这一点已经得到了充分的证明。烟草花叶病和其他若干种植物病毒，都曾被详细地研究过，它们都表现出是这种蛋白质。那么，病毒这种特殊的蛋白质有没有生命呢？它会不会进行生命的活动呢？为了答复这个问题，让我

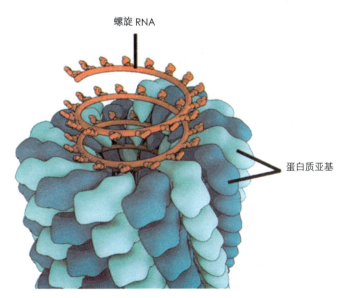

螺旋 RNA

蛋白质亚基

烟草花叶病病毒的简体结构

们看看关于培养植物病毒的试验吧！如果我们把一小块患花叶病的烟草叶子在小乳钵中研碎加水，然后再经细菌滤过器滤过后，用小棉花团轻擦的方法，把少量的滤过液带到健康烟草叶的细胞中，经过10～12天，在健康的烟草叶上，便会出现花叶病的病征，从这种染病的烟草上，又可以取下来一小块患病的叶子，用以前的方法，反复把花叶病传染给其他烟草，不管这种试验重复多少次，这病总是可以逐代传染的。

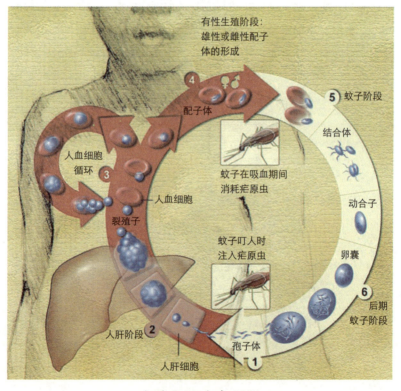

疟原虫的生命循环

这说明了病毒和细菌一样，也有繁殖的能力，如果病毒不能繁殖的话，那么在反复地用人工的方法传染时，它的数量一定会被消耗尽的，因此，也就不可能继续传染了。

病毒能繁殖和创造与自己相同的个体，就是它们能进行生命活动的一个重要证据。

其次，病毒还具有另一个显示生命现象的重要证据——新陈代谢作用。

什么叫新陈代谢呢？

生物体把从外界吸收来的物质加以同化，把它变成生物体的一部分，同时，生物体还不断地进行着和同化作用相反的过程——异化作用，把复杂的有机物质分解了，排泄出来，这就是新陈代谢。

病毒的新陈代谢作用是与生物体的活细胞有密切联系的。病毒一旦离开了生物体或生物体的活细胞，就不能维持生命。

因为病毒是活细胞的寄生者，它不能在一般的人工培养基上生存，所以我们在实验室里培养动物病毒，都是用鸡胚胎和其他有生命的组织，培养植物病毒都是在植物的细胞里面。

此外，病毒也受一般生物学上的遗传法则支配。它和细菌一样，也能将它本身的特性遗传给后一代。这种遗传性也会由于生活条件的影响而引起变异。

病毒的生活循环途径

病毒还有一个很重要的特征，就是有许多种病毒都有它们自己独立的生活循环途径。它们不但在人体细胞内寄生，而且在昆虫体内寄生，这些昆虫就是它们的宿主，例如黄热病和乙型脑炎病毒，都以某些蚊子作它们的宿主，它们平时寄生在蚊子体内，等到蚊子咬人的时候，就从蚊子的嘴里跑到人体血液里去，结果人就得病了。等到蚊子再飞来咬这个病人的时候，这些病毒又从血液里回到蚊子的嘴里去了，黄热病和乙型脑炎就是这样传染起来的。这一点，它们的传染途径很像疟疾原虫和回归热螺旋体的传染途径，因而我们可以说，它们也有一个独立的生活循环途径。

病毒能够繁殖，也有新陈代谢的作用，有遗传性，也有变异性，又有独立的生活循环途径，这些都是病毒有生命的证据。

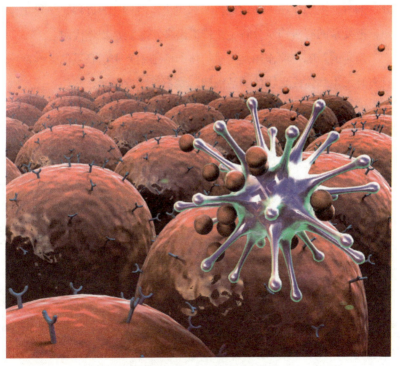

人的免疫系统受到病毒攻击

病毒和传染病的关系

有许多种可怕的传染病，都是由病毒所引起的。

狂犬病就是一个例子。人被疯狗、疯猫或疯狼咬伤之后，狂犬病的病毒就会从疯畜的唾液里面跑进被咬人的伤口，逐渐地侵入到体内，病人就会死亡。

脑炎也是一个例子，这种可怕的病症，发生在夏秋两季，是由一种蚊子传播的。

其他如天花和流行性感冒等，都能够侵害人类的身体，天花在我国流行已久，依据历史上的记载，可以追溯到公元前1700年。

流行性感冒并不是轻微的病症，如人们所想象的那样，它曾经在1918年在全世界各地大流行，因这种病而死亡的有近2000万人，比第一次世界大战中的死亡人数差不多要超出三倍。

其他还有一些传染病，如麻疹、腮腺炎和脊髓灰白质炎也都是由病毒而引起的。也有一些病毒危害性较小，例如引起人类的疣或是轻微的皮肤增殖的病毒都是。

动物也有很多病毒性的传染病，在1937年5月间，法国南部的牧场发生一种严重的传染病——牛马口蹄疫，这种病很快地蔓延到法国全境，而且侵入了瑞士、比利时、荷兰和德国。成千成万的绵羊、山羊、母牛在很短时期内都受到了传染，使畜牧业蒙受很大的损失，这种传染病也是由病毒引起的。其他如马的传染性贫血病、猪瘟、羊的脑炎病，以及家禽的瘟疫等也都是由病毒传染的。

病毒也是昆虫的敌人，在昆虫队伍里面，如家蚕和柞蚕的幼虫，都曾受到病毒的侵害而发生黄疸病，这种病往往给养蚕的人带来很大损失。病毒也会使蜜蜂的幼虫发生一种囊状病，这就给养蜂的人造成损失。

植物病毒和细菌病毒

让我们看一看植物界中的情况吧：

在这里我们所遇到的病毒性的传染病数目还要多，现在已为我们所发现的就有200多种。病毒向各种果树和农作物进攻，因而发生各种各样的花叶病和萎黄病。在萎黄病中，如燕麦的萎缩病，番茄与其他茄科作物的束顶病，柳叶的卷叶病和柑橘的脱皮病，都是非常有害

轻度斑驳病毒感染柿子椒

的。在花叶病中，如烟草和番茄的花叶病、马铃薯的皱纹花叶病和其他种类的花叶病，都是危害最大的。其他农作物，如裸麦、大麦、玉蜀黍、粟；其他果树，如苹果、梨、桃、杏、李、樱桃、葡萄；其他蔬菜，如甜瓜、西瓜、甜菜、菜豆、紫云英、紫苜蓿，以及甘蔗等也都会受病毒的侵害。

有时候甚至于细菌也要受病毒的侵害，病毒钻入细菌的身体，把细菌的细胞慢慢地吃掉，这种病毒叫作细菌病毒，也叫作噬菌体。噬菌体也有好几种，其中有一种能杀害痢疾杆菌，另一种能杀害鼠疫杆菌，噬菌体到了细菌身上，细菌就会改变体形，自行溶化，慢慢地化为乌有。这是显微镜下的战争。

细菌和病毒怎样侵害人体

病毒和细菌一样，除了由昆虫宿主传染给人类以外，还有其他各种不同的传染途径和传染门户，例如天花病毒、流行性感冒病毒就是和肺炎双球菌一样，由空气传染，在人们咳嗽、喷嚏和谈话的时候，进攻人类呼吸道的。

细菌和病毒侵入人体以后的情形是怎样的呢？

先谈细菌的毒素吧。毒素就是细菌的化学武器，细菌能制造两种毒素：一种毒素是由细菌分泌到外面来的，叫作"外毒素"，又叫作"分泌毒素"，这种毒素在前面已经谈过，如白喉杆菌的毒素、破伤风杆菌的毒素、腊肠杆菌的毒素等，这些毒素都是非常猛烈的，但它们并不稳定，例如腊肠杆菌毒素，在煮过以后，毒性就大为减弱了。

另一种毒素，存在于细菌的细胞里面，要在细菌被破坏以后才流出来，这种毒素叫作"内毒素"，又叫作"菌体崩溶素"，如脑膜炎球菌的毒素，这些毒素的毒性比较缓和些。

此外，细菌还有一种侵袭作用。细菌进入人体以后，往往能迅速地繁殖起来，有的节节攻陷人身的防地，有的随着血液侵犯全身，结果人身所有容易受感染的器官和组织都受到损害，伤寒病、回归热以及各种败血病都是这样发生的。

除了毒素的作用之外，细菌又会制造酵素，能溶解人体的组织，特别是结缔组织。

病毒怎样呢？病毒也有毒素和侵袭作用，但它是细胞内的寄生者，由于它的这种特性和人体细胞的吞噬异物作用，它进入细胞里面以后，才能生活繁殖，引起疾病。

人体怎样抵抗细菌和病毒的侵害

巴甫洛夫高级神经活动学说告诉我们：细菌和病毒侵入人体内，人体会不会传染上疾病，还要看中枢神经系统对它们的反应。如果中枢神经处于高度抑制状态，细菌骤然侵入体内也不能致病。例如土拨鼠平时会染上鼠疫，但当它冬眠的时候，不吃不动，也不感受声音和光，外来的细菌也同样不能感受，因此它接种鼠疫杆菌也不会生病，有时由于细菌侵入的部位，没有对它们具有敏感的神经感受器，因而不能引起刺激，也就不能使中枢神经发生兴奋，结果也不会引起疾病。病毒也是这样。

致病的细菌和病毒侵入人体，刺激对它有敏感的神经感受器，传至中枢神经系统，一方面引起兴奋，再反射至一定器官和组织，使它发生各种变化；另一方面，机体在神经系统的推动下动员机体整个防御力量，如增强杀菌腺液的分泌和肾脏的排泄来排除细菌、病毒和它们的毒素，动员吞噬细胞，特别是白血球，来包围吞食细菌和病毒，全面地与细菌和病毒作斗争。如果机体自己或在药物帮助下获得了胜利，往往在病后就不再受同样疾病的传染，例如大家都知道的，患过天花和麻疹的人就不会再患天花和麻疹了。这种免疫叫作反应性的免疫。

有许多对于动物有害的病，对于人类可能完全无害。例如鸟型结核杆菌，只能在鸟类身体中或 40℃～50℃ 的培养基中生长，而对于人类是完全无害的。反之，对于人类有害的病原菌，对于动物也可能完全无害，例如伤寒杆菌。这是因为人或动物在进化过程中获得了一种非反应性的免疫能力。

如果机体防御力量抵抗不过细菌和病毒的进攻，那就需要依靠身体外面的救兵了。到身体外面请救兵，使人类和传染病的斗争进入了新的阶段。

人类怎样和传染病作斗争

18 世纪末期，有一位英国医生琴纳，发明了种牛痘的方法，可以预防天花。他的发明证明了用人工的方法可以预防传染病。

到了 19 世纪后半期，巴斯德研究接种鸡霍乱病，发现了免疫现象。由于他培养炭疽杆菌，使它的毒素减弱，制成炭疽杆菌的疫苗，预防炭疽病，而得到成功。由于他利用同样减弱毒性的方法，制成了狂犬病的疫苗，治好了成千个被疯狗咬伤的人。这样就打下了免疫学的基础。现在我们不去详细说明免疫学的原理，在这里我们只要讲到由于巴斯德的这些发明，引起别的科学家发现一种特殊的物质，叫作"抗体"。我们知道，用减弱或性能改变的细菌和病毒，或已经杀死的细菌和病毒或它们的毒素，注射到人类或动物体内，都可以引起"抗体"的产生。这些"抗体"有消灭细菌的能力，因此能增强人体的防御力量。

我们种牛痘，打霍乱、伤寒、鼠疫防疫针（疫苗），以及注射白喉抗毒素等，就是要使我们身体里产生能抵抗天花、霍乱、伤寒、鼠疫、白喉的"抗体"。

由于各种传染病病原体的发现和它们的特异预防接种法的发明，帮助我们制定了许多合理的防疫措施。由于免疫疫苗和血清以及磺胺剂和抗生素等的发明，使我们在今天拥有各种有效的杀菌武器。

人类终于战胜了微生物的危害。

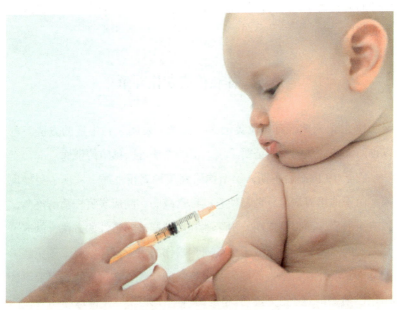

给婴儿接种疫苗

能不能把微生物的性质改变呢

能不能把微生物的性质改变呢？人类能不能由掌握微生物变化发展的规律来控制微生物变化和发展的过程和方向呢？能不能使微生物不再危害人类而为人类服务呢？

这就是微生物变异的问题。苏联微生物学家苏克涅夫等，经过多年的研究工作，证明了细菌并不是生物界中的例外，细菌和其他生物一样，它们也能够发生变异。

苏联微生物学家伽马利亚等的研究工作，又证明了微生物之间也有无性杂交作用。

什么叫无性杂交作用呢？

我们知道，大肠杆菌对于人类的身体本来是无害的，但是当人类的肠子里跑进了痢疾杆菌的时候，因为吸收了痢疾杆菌所分泌的产物，大肠杆菌就会获得像痢疾杆菌一样的性格。相反地，痢疾杆菌也会获得像大肠杆菌一样的性格，这种由于营养的交换使细菌的性格互相改变的作用，就叫作无性杂交作用。

苏联微生物学家曾经把大肠杆菌转变成副伤寒杆菌，又把副伤寒杆菌转变成大肠杆菌，这样地逐步转变，就可能把它们改造成对人类完全无害甚至有益的微生物。这样，苏联的微生物学家们就掌握了一门可以根据自然发展的规律随意创造自己所需要的微生物种类的艺术。

苏联科学家做了无数的研究工作，他们证明了病毒也和细菌以及其他一切生物一样，当培养它们的条件改变的时候，病毒的本性也会随着改变。

　　如果我们依照这条规律，把使人致病的病毒注射到对于它们没有感受性的动物身体里，病毒并不死掉，而是继续繁殖，不过不会致病。如果使那病毒继续几次通过这些没有感受性的动物的身体，就可以改变病毒的遗传性，使它失掉引起人类患病的能力。这样我们就可以把致病的病毒，改造成为防病的病毒。

　　像琴纳所发现的天花的病毒通过牛的身体以后变成了牛痘病毒，就可以防止真正天花病毒的侵入。又像巴斯德所发现的狂犬病的病毒在兔脑中培养后，也会改变本性，可以用它来医治狂犬病，都是根据这一道理，不过巴斯德和琴纳一样，当时都不知道这条规律。他们的发现被认作是偶然的事情，其他的例子如：黄热病的病毒通过小鸡的身体，会改变它们的本性，而变得无害于人类；流行性脑炎的病毒通过家鼠的身体，就有防止人类的流行性脑炎的可能性。

　　这些活的疫苗的发明，对于人类具有重大的意义。因为活的疫苗所引起的免疫力比起死的疫苗要强大得多。活疫苗的发明，使医学和兽医学获得了一种和传染病作斗争的新的有效的武器。

　　　　　　　　　　　　　　　　　　1954 年 8 月

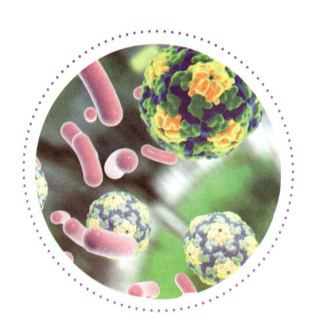

看不见的敌人——病毒

一

在肉眼看不见的微生物世界里，除了细菌已经是大家所知道的以外，还有病毒。

病毒，这是很奇怪的名称，又是病又是毒，多么可怕啊！它是什么东西呢？

它是一种比细菌还要小的东西，连放大到 2000 倍的显微镜都看不见它。

它和细菌一样凶，它的存在给人类和动植物的健康和生命带来了很大的威胁。因此，我们把它叫作"看不见的敌人"。

你看！天花，从古老的时候起，已经在人类的身体上出现了，直到今天，它还在资本主义国家和殖民地国家里残害着无数劳动人民的身体。

你看！流行性感冒，曾经好几次蔓延全世界，夺去了千千万万人的生命。

你看！脑炎，特别是日本乙型脑炎，在夏秋两季发生，人们要是被某种蚊子叮了，就会受到它的侵害。

你看！狂犬病，人们要是被疯狗、疯猫、疯狼之类的疯兽咬伤了，狂犬病的病毒，就会随着唾液侵入人体，人的生命便危险了。

其他如在热带发生的黄热病，小孩的麻疹、腮腺炎、脊髓灰白质炎等，都是由于病毒而引起的传染病。

还有恶性肿瘤——癌和皮肤增殖症——疣，它们发生的原因，也可能和病毒有关系。

病毒对于动物的危害性也很大。狗有狂犬病，牛、羊有口蹄疫，马还有传染性的贫血病，猪有猪瘟，羊有羊的脑炎病，家禽也有家禽的瘟疫。连对人有益的昆虫如蚕和蜜蜂，都会成为病毒毒手下的牺牲者。

病毒对于植物界侵害的情形更为严重，侵害的范围更为扩大。在植物界中由病毒所引起的传染病种类很多，我们现在已经发现的就有200多种。我们的果树和农作物受到病毒的侵害，就发生各种不同的症状。有的叶片的颜色改变，例如烟草和番茄的花叶病、马铃薯的皱

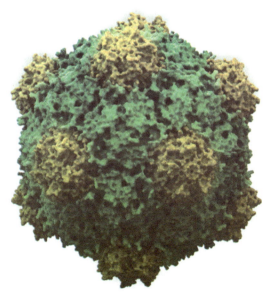

一个二十面体豇豆花叶病毒结构

纹花叶病，以及其他种类的花叶病；有的枝叶发生畸形，例如燕麦的萎缩病、茄科的束顶病、柳叶的卷叶病；有的韧皮腐败，组织死亡，像柑橘的脱皮病等，都是病毒剧烈引起的结果。

病毒也向其他植物进攻。像裸麦、大麦、玉蜀黍、粟之类的粮食作物，苹果、梨、桃、杏、李、樱桃、葡萄之类的果树，甜瓜、西瓜、甜菜、菜豆、紫云英、紫苜蓿，以及甘蔗之类的蔬菜，都会受到病毒的残害。

这些都是看不见的敌人——病毒的罪行。

二

是谁第一个把这个秘密揭穿，告诉我们的呢？

是俄国伟大的科学家德密特里·约瑟夫维奇·伊凡诺夫斯基。

故事的发生是这样的：

在1887年的夏天，那时候俄国南部每年出产6万吨到7万吨贵重的烟叶，但是由于烟草发生了一种神秘的病害叫作"花叶病"，每年的收获量损失很大。为了防止这种病害的迅速蔓延，俄国政府农业部就派了伊凡诺夫斯基和另外一位大学生到乌克兰和比撒罗比亚去调查烟草发生病害的原因。经过几年的细心研究，在1892年，伊凡诺夫斯基发表了他的第一篇论文，题目是《论烟草的两种疾病》。在这一篇论文里，他说明了烟草患病的主要原因，是一种看不见的敌人作祟。

他从有病的烟草里面榨取液汁，拿这种液汁放在强力显微镜下面细看，怎么也找不到这种小东西的形影。后来，他用一种瓷制的滤过器，把这种液汁加以过滤，所有在显微镜底下可以看得见的小东西，都留在滤过器的上面，只有比最小的细菌还要小的东西才能滤过去。这就是说，在这种滤过液里面，已经不含有任何细菌了。但是这种滤过液仍旧能使其他烟草的正常叶片受到传染。显然，有病的烟草叶的液汁中，一定含有一种非常渺小的东西，它能够通过这种滤过器而使正常的烟草叶发生病害。这种东西，比我们已经知道的细菌要小得多。

伊凡诺夫斯基的试验证明了，在微生物世界里除了细菌以外，还存在着比细菌更小的一种传染病的病原，这种病原能通过细菌所不能通过的一种最小的滤过器。因此，他就把这种病原叫作"滤过性病毒"，或者就叫作病毒。这就是看不见的敌人——病毒发现的经过。

三

看不见的敌人——病毒，究竟有多么小呢？这个问题直到电子显微镜发明以后才得到了解决。

到苏联展览馆去参观过的人，都会在仪器陈列室里看到一架奇妙的、比一个人还高的仪器，它的主要部分是一个圆柱形的金属镜筒，直立在一张小台子上。这就是电子显微镜。显然，这个显微镜在外表上和光学显微镜很不相似，但它的放大能力却比最高倍的光学显微镜还要大得多。我们用电子显微镜所能看到的微粒，比用最强力的光学显微镜所能看到的要小到百分之一。这样，在电子显微镜的放大之下，看不见的敌人——病毒就现出了它的原形。原来，它是一种极小极小的东西，按它的大小来说，要拿毫微米作单位来计算（1毫微米等于1毫米的百万分之一）。例如烟草花叶病病毒，是一种杆状的微粒，它的平均长度有280毫微米，宽度只有15毫微米。在普通光学显微镜下所看见的杆状细菌，体积要比它大得多，它的平均长度是

2000 毫微米，宽度是 400 毫微米。还有比烟草花叶病病毒更小的病毒，那真是小得不可以形容了。

四

那么小也有生命吗？

看不见的敌人——病毒，是不是一种生物呢？

对于这个问题的意见，微生物学者分为两派。

有一派保持形而上学的看法，他们认为：病毒是化学物质，不是生物。

这一派的理论已经被苏联科学家的研究推翻了。

苏联科学家以辩证唯物主义的理论为基础，从米丘林生物科学的观点出发，研究着病毒的本质。他们认为：病毒不是无生命的化学物质，也不是有生命的细胞生物，它是从无生命的化学物质到有生命的细胞生物的发展过程中所产生出来的一种非细胞生物。

病毒和化学物质不同，它不是死物，而是一种活质。它的主要成分，就是一种特殊的蛋白质，叫作核蛋白质。这是一种最简单的生命形态。有些病毒，除了核蛋白质以外，还含有许多其他物质。

病毒这种特殊的蛋白质之所以是最简单的生命形态，是因为它会进行生命的活动。

病毒能进行生命活动的一个主要证据，就是它能繁殖和创造与自己相同的个体。

让我们来看一个关于培养植物病毒的试验吧！

如果我们把一小块患有花叶病的烟草叶在小乳钵中研碎加水，然后再经过细菌滤过器过滤以后，用小棉花团轻擦的方法把少量的滤过

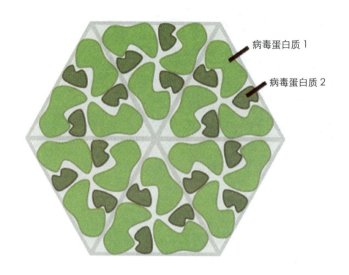

病毒蛋白质 1

病毒蛋白质 2

病毒的繁殖

液带到健康的烟草叶上，经过 10～12 天，在健康的烟草叶上便会出现花叶病的病症。从这片新染病的烟草叶上，又可以取下一小块患病的烟草叶，用以前的方法，再把花叶病传染给其他的烟草叶。不管这种试验重复多少次，这种病总是可以一代一代传染下去的。

这说明了病毒和细菌一样，也有繁殖的能力。如果病毒不会繁殖的话，那么在重复地用人工的方法传染的时候，它的数量一定会逐渐减少，最后达到不可能继续传染的程度。

五

生命活动的另一个重要的证据，就是新陈代谢。什么是新陈代谢呢？

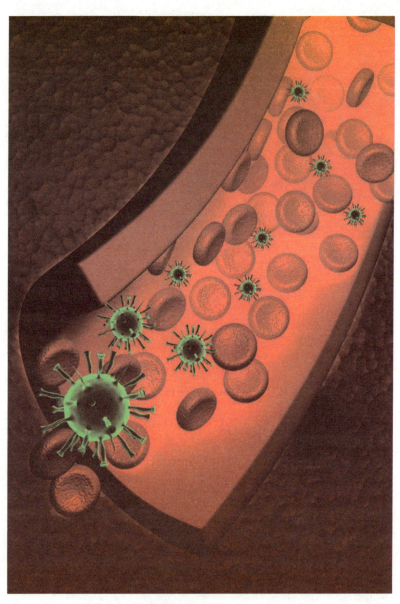

病毒感染血细胞

生物体把从外界吸收来的物质加以同化，把它变成生物体的一部分；同时，还不断地进行着和同化作用相反的过程——异化作用，把复杂的有机物质分解，排泄出来。这就是新陈代谢。

那么病毒也能进行新陈代谢吗？

过去，微生物学者从生物体中把病毒分离出来，再来做这种试验，结果都失败了。这是因为病毒脱离了生物体，就不能显示出新陈代谢的特征。病毒的新陈代谢作用是与生物体的活细胞有密切联系的。

让我们再看一看下面的事实吧：

如果我们在培养患花叶病的烟草的养料中，加入放射性磷，那么在病毒的微粒中，很快地也有磷的出现。另一方面，如果将含有放射性磷的病毒移种到健康的烟草植株上，那么磷又会马上离开病毒的微粒，而成为正常的植物性蛋白质里的一种成分。这个事实说明了：在活细胞里繁殖得很快的病毒与其周围植物的原生质的物质交换是很活跃的。

病毒能够繁殖并且有进行新陈代谢的能力。这两个特征，已经足够说明：病毒是有生命的。

六

那么，看不见的敌人——病毒，是什么样的一种生物呢？它和细胞生物有什么区别呢？

病毒，这种有生命的蛋白质微粒，它的表面是直接和外界物质相接触的；它和最简单的细胞不同，没有和外界环境相隔离的半渗透性的表膜。生物的细胞包括最原始的细菌在内，就不是这样，它们经常都是有细胞膜的。

病毒和细胞生物之间，还有一种最重要的区别，就是病毒的身体里面所含有的水分很少，即使居住在潮湿的环境里，也只含有极少的水分！而各种生物的细胞，所含有的水分往往达到80%～90%。这种情形，在植物病毒中是很普遍的。至于人类和动物的病毒，其中有几种，例如天花的病毒，里面还含有一些水分。

此外，病毒不但体积比一般细菌都小得多，而且有许多植物病毒还能够形成像无生物那样的结晶体，这也是病毒和细胞生物不同的地方。

七

看不见的敌人——病毒，既然是一种非细胞生物，那么它们是怎样生活的呢？

病毒是细胞内的寄生者，它居住在细胞里面，细胞便是它的家。它一旦离开了细胞便不能生活，迟早要遭到灭亡的命运，至多不过数小时。已经灭亡了的病毒一般是不能够再恢复生命的。但是也有些病毒，例如烟草花叶病病毒，可以在盐类溶液中或者在干叶中保留好几年，等到它再被送进活细胞的环境中的时候，就能从死中复活。

作为细胞内的寄生者，病毒的适应能力是很惊人的。有些植物病毒，例如烟草花叶病的病毒，就能够在236种试验过的植物细胞内繁殖；有些植物病毒还能够在昆虫体内繁殖。

八

看不见的敌人——病毒，是怎样传染疾病的呢？

病毒常常利用昆虫、细菌和其他的微生物作为它们侵害人类和动植物的交通工具。

病毒的第一种交通工具是昆虫。例如黄热病和乙型脑炎的病毒平时寄生在蚊子体内，等到蚊子咬人的时候，就从蚊子的嘴里跑到人体血液里去，结果人就得病了。黄热病和乙型脑炎，就是这样传染起来的。

病毒的另一种交通工具是细菌和其他微生物。病毒常常吸附在细菌和其他微生物身上，这样，细菌和其他微生

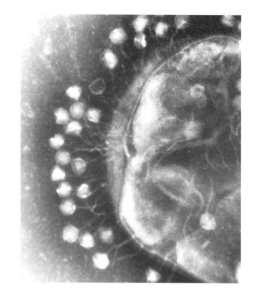

在电子显微镜下，多个噬菌体附着在细菌细胞壁上

物便成为病毒的携带者。例如在流行性感冒流行的时候，流行性感冒病毒常常和流行性感冒杆菌混在一起被发现。又如在发生猪瘟的时候，我们可以在猪身上发现猪瘟病毒和猪霍乱杆菌。

根据这种现象，能不能说病毒是细菌的前身，是细菌的滤过性形态呢？

不能的。细菌的滤过性形态，就是非细胞形态的细菌，也就是细菌的活质。细菌的细胞由于受到机械的磨损、超声波的震动或者其他原因，突然被破坏而分离出更小的物质，这种物质仍然是活的，这就叫作活质，但是不能说这种活质就是病毒。

病毒和细菌混在一起被发现，这一现象只能够说明：病毒和细菌

有共生的关系。

病毒和细菌的关系是很密切的。有些病毒也侵犯细菌的细胞，这种病毒叫作细菌病毒，又叫作噬菌体。噬菌体的活动，有的时候能把某些致病的细菌吞灭，例如痢疾杆菌的噬菌体，能把痢疾杆菌吞灭，这样就保护了人类，使人类不受到痢疾的侵害。

九

看不见的敌人——病毒，是怎样发生的呢？

病毒的种类非常繁多而且复杂，各种病毒都有它自己的历史。那么，最初的病毒是怎样发生的呢？这个问题牵涉到生命起源的问题。

我们知道，当地球上还没有细胞生物以前，在原始的海洋里，已经有原始的非细胞生物出现了，这些原始的非细胞生物，不但是细胞生物的祖先，也是病毒的祖先。

有一部分非细胞生物在它们变化发展的过程中，当细胞生物出现的时候，侵入了细胞生物体内，逐渐地养成了在细胞内寄生的习惯，于是就产生了病毒。

病毒的产生，对于细胞是有危害性的，这也就是它们获得致病能力的由来。当病毒一旦变成了细胞的侵害者，就一步步地继续向生物体的细胞和组织进攻，它的毒素和侵袭作用的机能也就越来越复杂了。因此，我们不能认为：病毒是细菌或者其他微生物的前身或者是退化的后代。

作为细胞的侵害者，病毒是有遗传性的。不同的病毒发生不同的疾病。例如烟草花叶病的病毒，只会使烟草发生花叶病，而不会发生坏疽病。相反地，坏疽病的病毒，也只会使烟草发生坏疽病，而不会发生花叶病，但是如果环境的生活条件有了改变，病毒的遗传性也会随着改变。所以在历次流行性感冒流行的时候，不断地有新型的流行性感冒病毒出现。

十

人类用什么方法来防御病毒的进攻呢？

古代的中国人，早已经知道种痘可以预防天花，但是他们用的老法子，是很危险的，现在已经不适用了。

18世纪末期，有一位英国医生琴纳发明了种牛痘的方法，它可以预防天花。这是比较可靠的方法。到了19世纪后半期，巴斯德利用减弱毒性的方法，制成了狂犬病的疫苗，治好了几千个被疯狗咬伤的人。这些发明都证明了用人工的方法，可以预防病毒的传染病。但是琴纳和巴斯德都没有发现病毒，更不知道病毒会发生变异。他们的发明被认为是偶然的事情。

在米丘林生物科学的光辉照耀下，苏联微生物学沿着辩证唯物论的道路前进。苏联的微生物学家们，深入地研究了病毒的本质和变异问题，他们证明了病毒也和细菌以及其他一切生物一样，如果培养它们的条件有了改变，它们的本性也会随着改变。

按照这条规律，我们把致病的病毒注射到对于它没有感受性的动物身体里，病毒并不会死掉，而是继续繁殖着，不过不会致病。如果使病毒在没有感受性的动物身体里连续地通过几次，就可以把病毒的遗传性改变，使它失掉致病的能力，使它变成无害于人类。这样，我们就可以把看不见的敌人——病毒，变成了朋友——活疫苗。例如黄热病的病毒通过小鸡的身体，就会改变它们的本性，把它注射到人

·113·

体里去，就可以使人不再得黄热病；流行性脑炎的病毒通过家鼠的身体，把它注射到人体里去，就有防止人类发生流行性脑炎的可能。

活疫苗是人类和微生物斗争的最新、最有效的武器。

这样，人类掌握了病毒的知识，就可以转祸为福，使这些最微小的生命，也为人类的利益服务。病毒学的发展，对于人民的保健事业和社会主义的农业生产，都具有重大的意义。

1955 年 3 月

土壤里的小宝宝

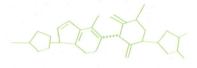

　　土壤是农民的"宝"。地球上一切植物的生命，都依靠它来滋养。
土壤肥，庄稼好；土壤贫瘠，收成就坏。这是农民都知道的。

　　土壤里有什么呢？土壤是由什么东西组成的呢？

　　土壤里有黏土、沙粒和腐殖质；土壤的隙缝里，还有空气和水；
这些都是植物所需要的养料，土壤就是由它们组成的。

　　黏土和沙粒是从哪里来的呢？是从高山上的岩石，被太阳晒、风
吹、雨打、大水冲刷而来的。

　　腐殖质是从哪里来的呢？是从动植物的尸体分解而来的。

　　只有腐殖质，而没有黏土和沙粒，那是垃圾堆，不是土壤；只有
黏土和沙粒，而没有腐殖质，那是沙滩，也不是土壤。

　　在腐殖质里面，含有一些蛋白质和纤维素，它们必须一点一点地
分解下来，变成"氨"，再氧化成"硝酸盐"，然后才能为植物的根
所吸收。这硝酸盐就是植物最重要的一种食料。

　　要使土壤里的食料不至于用完，以维持植物的生活，一定要时时
补充，时时变换。这变换和补充的职务由谁来担任呢？谁能分解土壤
里的腐殖质呢？

　　这就是土壤里的小宝宝的功劳。

　　土壤里的小宝宝是谁呢？就是鼎鼎大名的细菌呀！

原来细菌的家乡就住在土壤里面。离地面几寸到几尺 ① 的土壤里面，都可以找到它的踪影。它的种类复杂，为数众多，据科学家的试验结果，每 1 克重的土壤里面，有 1 亿到 10 亿个细菌之多。

在这里需要表明一下，这个数字也包括其他种类的微生物。土壤里的居民，除了细菌以外，还有真菌、放线菌、藻类和原生动物等，这些不在话下。

单说细菌在土壤里干什么，它对植物有什么影响吧！

原来细菌是贪吃的小家伙，它们一见了可吃的东西，便抢着吃，吃个不休。大多数的细菌都是荤素兼吃，不问什么它们都吃。这样吃的结果，就把土壤里的腐殖质都分解下来，再经过氧化，变成硝酸盐了。有的细菌也吃空气中的氮气，把氮固定起来，这样就可以增加土壤中时常感到不足的氮素肥料，这对植物是有功的。有的细菌吃得过火，连活的植物的身体也要侵犯；有的细菌会把土壤中的硝酸盐或硫酸盐还原；有的细菌会产生毒素毒害植物的生长，这是有害的一面，例如甘薯的黑斑病和麦类的黑穗病都是。

土壤里的小宝宝，喜欢略带碱性的环境。它们在春天和秋天比在冬天和夏天容易繁殖，土壤如果过于干燥，它们就不能活动。

土壤里的小宝宝，和植物的关系是非常密切的，除了供给植物很丰富的滋养以外，还会制造各种"抗生素"和"维生素"，帮助植物抵抗疾病，促进植物的生长。

科学家非常注意细菌的功用，他们想出种种办法来利用它为人民服务。他们说：我们可以叫细菌制造肥料，用接种的方法，把有益的细菌移植到土壤中去。他们选出了根瘤菌和固氮菌为代表；他们还选出了其他能产生抗生素的土壤微生物，来担任制造抗生素的工作。

---

① 1 米 ≈ 3 尺，1 尺 = 10 寸。

这样，在科学家的帮助之下，土壤里的小宝宝和它的微生物伙伴们，都有机会各尽所能为工农业建设服务。

为了发展农业，提高单位面积产量，我们必须对于土壤里的小宝宝加以爱护和培养，对于它们当中的坏分子加以彻底消灭。

1956 年 3 月

照相机的故事

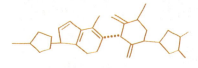

　　很多世纪以前，人们就幻想着制造一种仪器，能把人物和风景都拍摄出来，保存在图片上。

　　经过许多物理学家和化学家的努力，没有成功。

　　后来，到底发明了照相机。但是，发明它的人，不是物理学家，也不是化学家，而是法国一位著名的画家，叫作达克拉。

　　这是 1827 年的事。

　　达克拉花了好几个月的工夫，丢开自己的业务不管，用他所有的钱，买了许多透光镜和化学药品，整天整夜地把自己关在一间黑暗的房间里，进行试验。

　　他的妻子以为他是发疯了，怎么苦劝他也不行。

　　达克拉把铜板镀上一层银子，放在水银蒸汽上蒸了一会儿，然后放在照相机里，在光线所照到的地方，铜板上都现出黑影。

　　但是，在照相机里，必须安置一块玻璃水晶，如果没有它，铜板会变成一团漆黑。

　　达克拉所发明的镀银铜板，是相片的老祖宗。可是，它的感光性很弱。

　　那时候，在照相馆里照相，不是一件轻快的事。当照相师调整相架的时候，顾客们得一动不动地坐上半个多钟头，有时候，还得在脸上涂上一层白粉，才能照好。

现在的照相机，已经变成了一种精密的仪器，不但镜头的制造越来越精巧，而且再也不用镀银的铜板了，代替它的是涂了感光液的玻璃板或化学胶片。

照相机的式样，也越来越多，有的是小型的，小到像手表一样，可以戴在手上；有的是大型的，大得要占一间房间，必须用专用电动机来转动。

有了照相机以后，天文学家说：我们要拍摄宇宙全景。这是一个非常庞大的计划，这一工作已由世界各国 20 个天文台来承担。他们把照相机和望远镜联结在一起，一共照了 4 万多张照片，到现在还没有整理就绪。

有了照相机以后，微生物学家说：我们要给细菌照相，让传播疾病的细菌，都现出原形来。于是他们把照相机安装在显微镜上。第一个这样做的人，就是德国细菌学家柯赫。当他发现了结核菌的时候，就曾照了几张结核菌的照片，给他的门生看。

有了照相机以后，在庆祝会上，在欢迎会上，在大大小小的场合，摄影师就大忙起来了。

1956 年 9 月

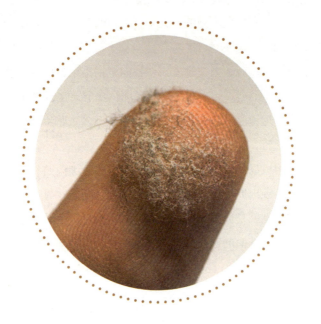

灰尘的旅行

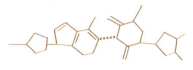

　　灰尘是地球上永不疲倦的旅行者，它随着空气的动荡而飘动。

　　我们周围的空气，从室内到室外，从城市到郊野，从平地到高山，从沙漠到海洋，几乎处处都有它的行踪。真正没有灰尘的空间，只有在实验室里才能制造出来。

　　在晴朗的天空下，灰尘是看不见的，只有在太阳的光线从百叶窗的隙缝里射进黑暗的房间的时候，可以清楚地看到无数的灰尘在空中飘舞。大的灰尘肉眼固然也可以看得见，小的灰尘比细菌还小，就是用显微镜也观察不到。

　　根据科学家测验的结果，在干燥的日子里，城市街道上的空气，每一立方厘米大约有 10 万粒以上的灰尘；在海洋上空的空气里，每一立方厘米大约有 1000 多粒灰尘；在旷野和高山的空气里，每一立方厘米只有几十粒灰尘；在住宅区的空气里，灰尘要多得多。

　　这样多的灰尘在空中游荡着，对于气象的变化发生了不小的影响。原来灰尘还是制造云雾和雨点的小工程师，它们会帮助空气中的水分凝结成云雾和雨点，没有它们，就没有白云在天空遨游，也没有大雨和小雨了。没有它们，在夏天，强烈的日光将直接照射在大地上，使气温不能降低。这是灰尘在自然界的功用。

　　在宁静的空气里，灰尘开始以不同的速度下落，这样，过了许多日子，就在屋顶上、门窗上、书架上、桌面上和地板上，铺上了一层灰尘。这些灰尘，又会因空气的动荡而上升，风把它们吹送到遥远的地方去。

1883 年，在印度尼西亚的一个岛上，有一座叫作克拉卡托的火山爆发了。在喷发的时候，岛的大部分被炸掉了，最细的火山灰尘上升到 8 万米——比珠穆朗玛峰还高 8 倍的高空，周游了全世界，而且还停留在高空一年多。这是灰尘最高最远的一次旅行了。

如果我们追问一下，灰尘都是从什么地方来的？到底是些什么东西呢？我们可以得到下面一系列的答案：有的是来自山地的岩石的碎屑，有的是来自田野的干燥土末，有的是来自海面的由浪花蒸发后生成的食盐粉末，有的是来自上面所说的火山灰，还有的是来自星际空间的宇宙尘。这些都是天然的灰尘。

还有人工的灰尘，主要是来自烟囱的烟尘，此外还有水泥厂、冶金厂、化学工厂、陶瓷厂、锯木厂、纺织工厂、呢绒工厂、面粉工厂等，这些工厂都是灰尘的制造所。

除了这些无机的灰尘而外，还有有机的灰尘。有机的灰尘来自生

沙尘暴侵袭房屋

物的家乡。有的来自植物之家，如花粉、棉絮、柳絮、种子、孢芽等，还有各种细菌和病毒。有的来自动物之家，如皮屑、毛发、鸟羽、蝉翼、虫卵、蛹壳等，还有人畜的粪便。

有许多种灰尘对于人类的生活是有危害性的。自从有机物参加到灰尘的队伍以来，这种危害性就更加严重了。

灰尘的旅行，对于人类的生活有什么危害性呢？

它们不但把我们的空气弄脏，还会弄脏我们的房屋、墙壁、家具、衣服，以及手上和脸上的皮肤。它们落到车床内部，会使机器的光滑部分磨坏；它们停留在汽缸里面，会使内燃机的活塞发生阻碍；它们还会毁坏我们的工业成品，把工业成品变成废品。这些还是小事。灰尘里面还夹杂着病菌和病毒，它们是我们健康的最危险的敌人。

灰尘是呼吸道的破坏者，它们会使鼻孔不通、气管发炎、肺部受伤，而引起伤风、流行性感冒、肺炎等传染病。如果在灰尘里边混进了结核菌，那就更危险了。所以必须禁止随地吐痰。此外，金属的灰尘特别是铅，会使人中毒；石灰和水泥的灰尘，会损害我们的肺，又会腐蚀我们的皮肤。花粉的灰尘会使人发生哮喘病。在这些情况之下，为了抵抗灰尘的进攻，我们必须戴上面具或口罩。最后，灰尘还会引起爆炸，这是严重的事故，必须加以防止。

因此，灰尘必须受人类的监督，不能让它们乱飞乱窜。

我们要把马路铺上柏油，让喷水汽车喷洒街道，把城市和工业区变成花园，让每一个工厂都有通风设备和吸尘设备，让一切生产过程和工人都受到严格的保护。

近年来，科学家已发明了用高压电流来捕捉灰尘的办法。人类正在努力控制灰尘的旅行，使它们不再成为人类的祸害，而为人类的利益服务。

1956 年 10 月

锡的贡献

最近我到云南南部矿区去了一趟，这个地方是有色金属的王国，是锡的诞生地。我参观了锡的全部生产过程——从采矿、选矿到冶炼，感到极大的兴奋。

因此，我想来谈谈锡和锡的贡献。

锡的祖先是从地壳移居到花岗岩上面来的，虽然不是所有的花岗岩都含有锡。

锡是一种重金属，为什么会浮在花岗岩的上层呢？这是一个有趣的问题。

原来花岗岩是锡的"旅馆"，在那里，锡跟氯和氟"结婚"了。这对"新婚"的化合物，以气体的状态出现，所以它们能打开一条活路，一直向上冲，冲到花岗岩的上层，甚至冲到花岗岩以外，钻进别种岩石的隙缝里去。

自从到了花岗岩的上层以后，由于环境条件的改变，锡就跟氯和氟"离婚"了，而爱上了水蒸气里的氧，这样新的结合，就产生了一种固体矿物，叫作锡石。虽然这并不是锡矿唯一的成因，有的时候，锡也曾和硫在一起"同居"过，不用说，好多种矿物也含有锡，但是它们的含量稀少，没有工业上的价值。

锡石大多数都是黑色和黄褐色的，这是因为它们含有铁和锰等杂质，又因为它很坚硬、很稳定，所以虽然经过风霜的变化、雨水的冲打，仍不会被破坏。

人类在很久以前，就发现了锡石。古希腊的大诗人荷马，在他的著名史诗里面，就曾提到它的名字。

在今天，锡石的最大根据地是在马来半岛，在那儿，它的产量差不多占全世界的半数。除了马来半岛以外，南美洲玻利维亚的锡石储藏量也非常丰富。在我国云南南部的矿区，也是锡石最有名的产地。

但是，锡石还不是锡。从锡石到金属锡，还要走过三道大关：第一关是采矿，这里矿工们付出很艰辛的劳动，才把锡石从矿坑里运了出来；第二关是选矿，这里要用各种方法去掉它所含的杂质；第三关是冶炼，这里要把它和炭放在一起燃烧，锡石里的氧跟碳化合，变成二氧化碳跑掉，剩下的就是金属锡。

金属锡身体很柔软，发出银白色的光辉，有延展性，可以展成极薄的薄片，这些都是它的特点。它的熔点是 231℃。

金属锡对于寒冷的感觉非常敏锐，一受到寒冷就会"生病"，它的病状是由银白色逐渐变成灰色，体积逐渐膨胀，很容易粉碎。这种病还会传染，有病的锡传染给没病的锡。幸亏这种病是可以治疗的，把有病的锡再熔化一次，让它慢慢地冷却，就会复原。

在远古的时代，在铁器没有发明以前的许多世纪，人们早就知道怎样炼锡了。但是，纯净的锡过于柔软，又不结实，不适合于制造用品。

怎么办呢？

青铜器的发明解决了这个问题。青铜是铜和锡的合金，它的硬度很大。从前有一时期，劳动人民的工具和武器、生活用品和装饰品，都是用青铜来制成的。青铜真是一种了不起的合金啊。这个时代，叫作青铜器时代。现在青铜器时代早已过去了，人们并没有忘记青铜的功绩，还用它来制造各种艺术品，有的地方也用它来铸造硬币、钟和大炮。

除了铜以外，锡还有许多亲密的"朋友"，和它们混合在一起，可以变成种种有用的合金。

锡　石

合金的用处很大。例如锡跟铅的合金，在许多巨大的、精密的仪器和机床里，都用得着它以减少磨损。锡跟铅和锑的合金，在焊接金属的时候是很有用的。在印刷工厂里，所用的"活字合金"，也是锡的合金呀！

锡还有许多"亲戚"，那就是各种各样锡的化合物，在化学工业上，在橡胶工业上，在印花布工业上，在毛和丝的染色上，它们都有很多的贡献。

在制造搪瓷、釉药、有色玻璃、金箔和银箔时，锡也是主要材料。至于在军事工业上的价值，那更不用说了。

最后，我们谈到马口铁片。马口铁片是什么东西呢？它是涂上了薄层锡的铁片。涂了锡的铁片既不会生锈，对人类的健康也没有害处。所以用马口铁片来制造罐头筒，就十分安全了。随着罐头工业的发展，马口铁片的需要也大量增加了。然而一提起罐头，人们只谈论着铁的功用，锡的贡献是被遗忘了。锡真是一个无名的英雄啊。

1957 年 2 月

空气中的"居民"

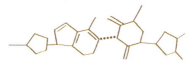

有一个很长的时期，人们对于空气是什么，并不了解。有的人认为：充满在空气里的是一种微妙的气体，叫作燃素，它是某种物质经过燃烧而放出来的，没有它，就不会发生燃烧的作用。

这种说法，在 18 世纪中，就被俄国学者罗蒙诺索夫的试验所推翻。后来，法国大化学家拉瓦锡发现了氧和氮这两种气体，空气的真相才开始暴露。到今天，科学家们已经能把空气的内容完全分析出来了。

原来空气是各种物质的大混合，其中有气体，也含有固体微粒。

在气体的海洋中，氮约占五分之四；氧约占五分之一；氩约占百分之一；二氧化碳约占万分之一；还有氦、氖、氪、氙等，这些稀有气体，只占空气中的极少量。

水蒸气也是一种气体吧！它的分布很不平均，当它遇冷的时候，会凝结成云雾、雨点、霜露、雪花和冰雹。

以上所讲这些气体，都是无色、无臭、无味的东西，为空气中所固有。它们都是空气中的普通"居民"，对于人类或多或少都有一定的贡献。

氧是呼吸和燃烧的支持者，动植物的生命都离不开它。它也是氧化的工程师，有许多工业部门都需要它。在钢铁厂里，它直接参加了炼铁和炼钢的工作。

　　人们要提取大量的氧，先得把空气变成液体，然后把氧和其他气体一一分离出来，这需要庞大而复杂的装置，要用很大的压力和消耗很大的能量。目前，我国已能自制大型和中小型的制氧机了。

　　最近，苏联科学家对这方面的研究，有了辉煌的成就，新而又新的机器不断地在发明，不但能够大量地分离空气中的各种成分，而且能够提取得非常纯净。

　　氮是食物和肥料的组织者和制造家，动植物的蛋白质都是氮的化合物。人们不但能利用腐败的蛋白质来制造肥料，而且能用电力把空气中的氮变成氨和硝酸。

　　在制造炸药的工厂里，也非常需要氮。氮和氧一样，越来越得到

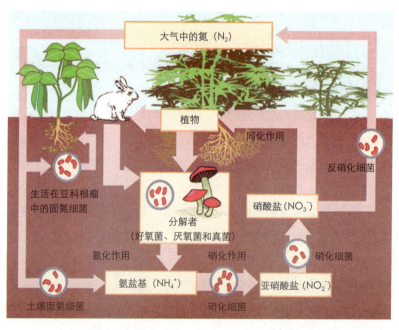

陆地环境中氮化合物的流动示意图

广泛的应用。

二氧化碳是植物所需要的养分，它和水在一起，经过叶绿素的光合作用，能制造淀粉。它还是灭火的能手，人们用它来扑灭火焰。它又会制造干冰，供给人们冷气和冷藏之用。

氦是气球和飞艇的技术员，人们把它装在气球和飞艇里面，它们就能上升到高空中去。利用氦，人们还可以得到世界上最低的温度。

氩、氖、氪、氙是电灯和霓虹灯的主人，它们住在灯泡和灯管里面，通过电流就会放出各色美丽而明亮的光辉。

除了上面所讲过的气体以外，空气里还含有几种更稀少更不常见的气体，这就是放射性气体，这就是镭射气（又叫作氡）和轻金属蜕变而放射出来的气体。它们的寿命都很短，有的只有几天，有的只有几秒钟，有的不到百万分之一秒。全世界原子核分裂后所产生的放射性气体，也在空气里游行。

此外，还有一些气体，是从地面和地球内部投奔到空气中来的，有的从火山、温泉和矿井发出，有的在工厂和住宅产生。这些外来分子，有的是有毒有害的，例如一氧化碳、硫化氢之类的化学毒气，它们的存在是瞒不过化学家的。它们都是细胞和血球的破坏者，给人类和动植物的生命以莫大的威胁。

飘浮在空气的海洋里面，还有无数固体微粒，这就是所谓灰尘之类的东西。它们都是空气中的流浪者，随着大风而远扬，科学家在离海面 2 万米的高空，还能找到它们的踪影。这些灰尘，有的是无生命的，如煤烟、石粉、沙土、炭灰、羽毛、皮屑、棉絮、柳絮等。有的是有生命的，如种子、花粉，以及各种微生物。那些微生物中大多数是无害的，仅有极少数是反动的，这些包括白喉、猩红热、百日咳、麻疹、肺炎、流行性感冒、伤风、肺结核、肺鼠疫之类的病毒和病菌。它们潜伏在阴暗潮湿的房间里，或混杂在人群拥挤的场所，当天气骤然变冷和人的抵抗力减弱的时候，就乘机起事，向人体呼吸道猖狂进攻，到处点火，造成传染病的灾祸。

　　化学毒气和病毒病菌之类的东西，就是空气中的"坏家伙"。它们混在空气的"居民"里边，非肉眼所能觉察，如果不及早揭发、严密地加以防范、彻底地干净地把它们清除出去，人类的健康和生命的安全就得不到保障。我们不能不提高警惕。

1957 年 10 月

灯和镜的友谊

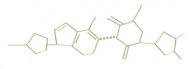

　　灯和镜是亲密的朋友，它们大多数都是玻璃国的公民，它们的合作，给人类的视力增加无限的力量。

　　灯能照明，是人类和黑暗作斗争的武器。

　　镜能使光线反射，是人类征服光线的工具。

　　在灯的家庭里，有电石灯和煤油灯，电灯和弧光灯，日光灯和探照灯。这些都是灯的积极分子。

　　在镜的队伍里，有平面镜、凹面镜和透镜，潜望镜、望远镜和显微镜。这些都是镜的模范人物。

　　这当中，以弧光灯和凹面镜的感情最融洽，它们又有一个共同的目标。弧光灯能发出强烈的光线，凹面镜能把这些光线集中起来。它们终于订下了一个长期合作的计划，并且开了一个会来庆祝。这是人类眼睛的一个好消息。

　　庆祝会在一座大灯塔上举行，这座灯塔不是设在海岛上，而是设在一座高冈上；不是给航海家指引方向，而是为飞机夜航时准备的。

　　弧光灯的身体有一间小房间那么大，它的朋友凹面镜坐在它的身旁，陪伴它们的还有大透镜。它们所发出的光，在天气晴朗的夜晚，人们在几十公里以外都可以望见。

　　在这个庆祝会上，灯和镜共同宣布了它们的合作声明。

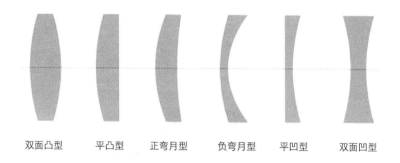

双面凸型　　　平凸型　　　正弯月型　　　负弯月型　　　平凹型　　　双面凹型

透镜的类型

当时出席的来宾很多，有手电筒、探照灯、信号灯、航行灯，还有日光发动机等。它们都是灯和镜的好朋友，它们都讲了话。

手电筒说：凹面镜在小的时候，在我家里住过，它和我的小灯泡感情很好；如果在小灯泡后面装一面小小的凹面镜，那么我的光就可以穿过黑暗射到十米远。

探照灯说：我也曾请凹面镜到我家里住过，它和我的弧光灯也很要好；如果它走了，我的弧光灯的光线就会散失，只能射到一二公里远了。

日光发动机说：如果凹面镜到我家里来，它就能把太阳光集中，射到蒸汽锅上，锅里的水沸腾起来，我的发动机就会发动。

于是，大家都说：凹面镜真有好本领，它和弧光灯的长期合作，可以使黑夜大放光明，使一切黑暗的影子都要逃跑。

1957 年 11 月

热的旅行

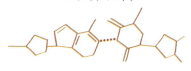

天气一天比一天冷了。天气越冷，人们就越需要热。

提起热来，就很容易想起太阳、火炉、烧红的铁块、电、开水和热汤等。

热是什么呢？依照科学的说法，热是一种能，就像光、电、原子能、无线电波、食物和燃料一样，都是能。

热是从哪里来的呢？太阳是热的最大源泉，它不断地向宇宙空间放射出它的热。

这种热射到地球表面的只占它所发出的总热量的二万万分之一，这一点热量，已经相当于每秒钟烧 60 万吨煤所产生的热。如果全地球的表面都结成 200 米厚的冰层，太阳所射到地面上的热量，也足够把它全部融化。

太阳是热的总司令，它指挥着热和寒冷作战。热还有大大小小的指挥官，火就是其中的一种。火是一种燃烧的现象，我们到处都可以见到它：在木炭盆里，在煤火炉里，在煤气炉里，在煤油灯上，在高炉里，在大大小小用火的场合。

电也是一名发热的指挥官，电流通过铜线，铜线就会发红、发热。通电后的电灯、电炉、电熨斗都很烫。

此外，摩擦、撞击和压缩空气，也都会发热；食物经过消化，燃料经过燃烧，以及原子核的破裂，也都是热的来源。

在日常生活中，我们时刻都可以发现，热不停地在奔走旅行。从太阳怀里跑到地球身上，这是它的一次长征；从火炉里跑到房间的每一个角落，从开水锅底跑到水面，这是它短距离的赛跑。

热是怎样在旅行呢？经过科学家的分析，热的旅行有三种途径，这就是说，有三种方法可以传热。

第一种方法，叫作接触传热。

如果你用手来摸烧红的铁板，你就会大声叫"烫"；如果你光着脚在太阳晒热的水泥地上走动，你就会觉得脚底非常发烫。这些都是接触传热的表现。

如果你拿一瓶热水放在冰块上冰，这一瓶热水很快地就变冷了，变成冰水了。这也是接触传热的一个例子——热水接触到冰块而失去它的热。

在接触传热中，热的旅行，都是从热的物体身上跑到冷的物体身上去的，一直到这两种物体之间的温度相等为止。

不论固体、液体和气体，都能接触传热，而以固体传热显得最为便当。

在固体的行列中，金属的传热最快，是最好的导热体；木头、布、橡皮、纸都不善于传热，都是阻热体，而非导热体。所以炉子和锅子的手柄，都是用木头或橡皮做成的。

不流动的空气也不善于传热，因而在建造房屋的时候，为了御寒和防热，常用两层玻璃窗。

第二种传热的方法，是流动传热。水的流动和空气的流动都可以传热。

把水放在玻璃器皿里加热烧开，我们就会观察到热水上升，冷水下降。这就是水流动传热的表现。

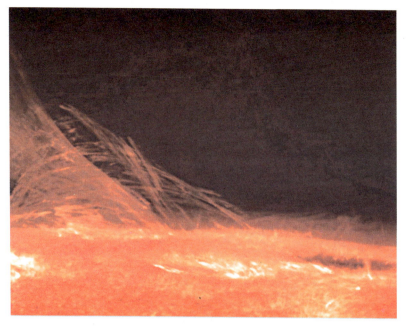

正在加热的太阳表面

空气动荡而成风，不论大风或是微风，都是热空气和冷空气对流的结果。这就是空气流动传热的表现。

一般现代化的房屋，都开辟有上下两个窗口，以流通空气，让热空气上面的窗口奔出去，让新鲜的冷空气从下面的窗口流进来。

但是，在人口众多的房间里，例如电影院和大礼堂，这样的装置还不够用，就必须有通风设备，用电扇来鼓动空气，使它尽量地流通。

第三种传热的方法，就是辐射传热（这就是说：向周围放射热气）。每一种发热体，都不断地向四面八方放射出它的热。辐射传热，是不依靠实物的，就是在真空中也能进行。太阳的热和光以及其他各种辐射都一直不停地穿过 15000 万公里的真空区域，才达到地球的表面，费时间不过 8 分钟。它除了把热传给地球和它所遇到的别的东西以外，并不把任何一点热留给真空。

火也是一种发热体，它也是向四面八方放射它的热的。所以在灭火工作中，救火队员不得不戴上面具和披上保护衣，以避免火焰热气的威胁。

这些都是热的旅行的秘密。当人们掌握了这些秘密之后，在御寒和防热的斗争中，就能取得不断的胜利。

1957 年 12 月

玻璃丝的谈话

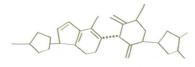

　　我是玻璃国的小公民，又是纤维家庭里的成员，人们称我为玻璃丝。

　　我本来是很脆的东西，为什么会变得这样柔软呢？这决定于我身体的粗细。当我是几毫米甚至于几厘米厚的时候，我是很脆的，人们把我拉成极细的丝以后，我就变软了，人们就可以把我搓成线，打成结，织成绸布了。

　　我像一切天然纤维（如棉花、蚕丝和羊毛）和人造纤维（如人造丝和人造羊毛）一样，也是纺织用的好原料啊！

　　我的早年生活，是在尼罗河畔度过的，埃及人早就发明了我，把我当作装饰品用。后来威尼斯的商人，也在我的身上作了一批很大的生意。但在那时候，我的身体还是相当粗而且脆的。

　　十月革命后，我到了苏联。苏联有一个科学机关，叫作玻璃学院，我就在那儿做客。苏联的科学家们把我试验了而又试验，我在那儿受了严格的训练，最后他们发明了制造我的工业方法。

　　他们把玻璃做成直径为 18～20 厘米的小球，又把这些小球一个跟着一个地投到又红又热的电炉子里去烧，这些玻璃小球就是我的前身。它们在炉里受了火的锻炼而熔化了，变成了一股股银白色的玻璃细流，从炉底的小孔里流出来，绕着一个旋转得非常快的圆筒转，被拉成长丝，我就出现了。

我的身体又长又细，细到肉眼几乎看不出。我的外表很像人造丝，比人的头发要细50倍，我的身体长短不一定，越细也就越柔软。

我以后的生活，都是紧张劳动的生活，纺织机是我的工作场所，如果我的身体直径不超过5微米，就很容易搓成线，再制成绸料和毯子，有时候也做成带子和绳子。

人们用我来纺线，就像用棉花和丝来纺线一样容易。

我的身体又可以染成各种颜色，所以我制成的东西也可以带有美丽的花纹。因为我的身体表面很光滑，所以我织成的布就很容易洗干净，也不会沾水，洗过以后自己就干了。

我不会引火，也不会燃烧，所以我织成的布应用的范围很广。我的布可以做成剧院的幕、舞台布景、地毯、走廊和楼梯的小地毯等。

我的布又可以保暖，把它铺在鞋底和鞋垫之间，在冬天，人们的脚可以不致受冻。

我制成的东西，在工业上还有许多其他用途，如可以用它来过滤各种化学溶液——酸和碱，既容易洗净，又不会腐烂，这样就可以延长使用的期限。

用我做成的带子和布，是热和电最好的绝缘体，它可以经受600℃的高温，在普通的温度下，我所织成的带子比棉花带子和石棉带子都要结实得多。我做成的绳索，一条只有手指头那么粗细，可以经得起一辆装满货物的大型卡车的重量，真比钢绳还要结实呢？

随着科学技术的进步，我的工业产品也越来越多了。

少年朋友们，你们听了这一番谈话之后，也许会对我说：玻璃丝！玻璃丝！你的身体虽然很细，但你对于人类的贡献真不小，你是我们吃苦耐劳的榜样。

土壤世界

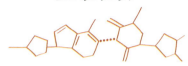

土壤——绿色植物的工厂

在一般人的心目中，土壤没有受到应有的重视。有些人认为：土壤就是肮脏的泥土，它是死气沉沉的东西，静伏在我们的脚下不动，并且和一切腐败的物质同流合污。

这种轻视土壤的思想，是和轻视劳动的态度联在一起的。这是对于土壤极大的诬蔑。

在我们劳动人民的眼光里，土壤是庄稼最好的朋友。要使庄稼长得好，要多打粮食，就得在土壤身上多下点功夫。

要知道，土壤和阳光、空气、水一样，都是生命的源泉。"万物土中生"，这是我国一句老话。苏联作家伊林，也曾把土壤叫作"奇异的仓库"。

不错，土壤的确是生产的能手，它对于人类生活的贡献非常大。我们的衣、食、住、行和其他生活资料都靠它供应。它给我们生产粮食、棉花、蔬菜、水果、饲料、木材和工业原料。

老实说，没有土壤我们就不能生存。

因此，我们要很好地去认识土壤，了解它，爱护它。

土壤是制造绿色植物的工厂，它对于植物的生活负有大部分的责任，它是植物水分和养料的供应者。

纯粹的泥土，没有水分和养料的泥土，不能叫作土壤。土壤这个概念，是和它的肥力分不开的。

肥力就是生长植物的能力，就是水分和养料。这些水分和养料，被植物的根系吸取，通过叶绿素的光合作用，在阳光照耀之下，它们会同空气中的二氧化碳，变成植物的有机质。

能生长植物的泥土，就叫作土壤。这是苏联伟大的土壤学家威廉士给土壤所下的科学定义。他说："当我们谈到土壤时，应该把它理解为地球上陆地的松软表面地层，能够生长植物的表层。"

肥沃性是土壤的特点，它随着环境条件的改变经常不断地发生着变化。

有的土壤肥沃，有的土壤贫瘠。

肥沃的土壤是丰收的保证；贫瘠的土壤给我们带来不幸的歉年。

土壤一旦失去肥力，不能生长植物，就变成毫无价值的泥土而不再是土壤了。

土壤是大实验室、大工厂、大战场。在这儿，经常不断地进行着物理、化学和生物学的变化；在这儿，昼夜不息地进行着破坏和建设两大工程；在这儿，也进行着生和死的搏斗、生物和非生物的大混战，情况非常热烈而紧张。

在参加作战的行列中，有矿物部队，如各种无机盐；有植物部队，如枯草、落叶和各种植物的根；有动物部队，如蚂蚁、蚯蚓和各种昆虫以及腐烂的尸体；有微生物部队，如原虫、藻类、真菌、放线菌和鼎鼎大名的细菌等。此外，还有水的部队和空气部队。所以有人说："土壤是死自然和活自然的统一体。"这句话真不错。

自从人类进入这个大战场之后，人就变成决定土壤命运的主人。

人类向土壤进行一系列的有计划的战斗，例如耕作、灌溉、施肥和合理轮作等。于是，土壤开始为农业生产服务，不能不听人的指挥，服从人的意志了。这样，土壤就变成了人类劳动的产物，为人类造福。

土壤是怎样形成的

大约几万万年以前，当地球还非常年轻的时候，地面上尽是高山和岩石，既没有平地，也没有泥土。大地上是一片寂寞荒凉的景象，毫无生命的气息。

白天，烈日当空，石头被晒得又热又烫；晚上，受着寒气的袭击，骤然变冷。夏天和冬天相差得更厉害。几千万年过去了，这一热一冷，一胀一缩，终于使石头产生了裂缝。

有的时候，阴云密布、大雨滂沱，雨水冲进了石头裂缝里面，有一部分石头就被溶解。

到了寒冷的季节，水凝结成冰，冰的体积比水的体积大，更容易把石头胀破。

狂风吹起来了，像疯子一样，吹得飞沙走石，连大石头都摇动了。

还有冰川的作用，也给石头施上很大的压力，使它们破碎。就是这样：风吹、雨打、太阳晒和冰川的作用，几千万年过去了，石头从山上滚落下来，大石块变成小石块，小石块变成石子，石子变成沙子，沙子变成泥土。

这些沙子和泥土，被大水冲刷下来，慢慢地沉积在山谷里，日子久了，山谷就变成平地。从此，漫山遍野都是泥土。这是风化过程。

但是呀！泥土还不是土壤，泥土只是制作土壤的原料。要泥土变成土壤，还得经过生物界的劳动。

首先，是微生物的劳动。

土　壤

　　微生物是第一批土壤的劳动者。在生命开始那一天，它们就参加建设土壤的工作了。微生物是极小极小的生物，它们的代表是原虫、藻类、真菌、放线菌和鼎鼎大名的细菌。

　　这些微生物繁殖力非常强，只要有一点点水分和养料，就会迅速地繁殖起来。它们对于养料的要求并不高，有的时候有点硫黄或铁粉就可以充饥；有的时候能吸取到空气中的氮也可以养活自己，于是泥土里就有了氮的化合物的成分。同时，泥土也变得疏松了些。这是泥土变成土壤的第一步。

　　但是，微生物的身子很小，它们的能力究竟有限，不能改变泥土的整个面貌，只能为比它们大一点儿的生物铺平生活的道路。经过若干年以后，另外一种比较高级的生物——像地衣之类的东西——就在泥土里出现了。它们的生活条件稍微高一点儿，它们死后，泥土里的有机质和腐殖质的成分又多了一些，泥土也变得更肥沃一些。

随着生物的进化，苔藓类和羊齿类的植物相继出现了。

每一次更高一级的生物的出现，都给泥土带来了新的有机质和腐殖质的内容。

这样，慢慢地，一步一步地，泥土就变成了土壤。

如果没有生物界的劳动，泥土变成土壤，是不能想象的。

不过，在不同的地方，不同的泥土、不同的气候、不同的地形和不同的生物，都会影响土壤的性质。

对于植物的生活来说，随着自然的发展，有时候土壤会变得更加肥沃；有时候土壤也会变得贫瘠。

农民带着锄头和犁耙来同土壤打交道，要它们生产什么，就生产什么；要它们生产多少，就生产多少。在人的管理下，土壤不断地向前革命。

在我们社会主义国家里，土壤的情绪是非常饱满而乐观的，它们都以忘我的劳动为农业生产服务。

什么决定土壤的性质

土壤的种类繁多，名称不一，有什么黑钙土、栗钙土、红壤、黄壤之类奇异的名称。这些不同名称的土壤，各有不同的性质，有的非常肥沃，有的十分贫瘠。

决定土壤性质的有五种因素，这些就是：母质、气候、地形、生物和土壤年龄。

先谈谈母质。

母质又叫作生土，它们是土壤的父母、岩石的儿女。土壤都是由母质变来的，母质又都是从岩石变来的。

地球上岩石的种类也很多：有白色的石英岩，有灰色的石灰岩，有斑斑点点的花岗岩，有一片一片的云母岩，等等。这些不同的岩石，是由不同的矿物组成的。不同的矿物具有不同的性质，有的容易分解和溶解，有的比较难，它们的化学成分也不相同。

母质既然是岩石的儿女，它们的化学成分既受岩石的影响，又转过来影响土壤质量的好坏。例如：母质所含的碳酸盐越多，土壤也就越肥沃；相反，如果碳酸盐缺少，土壤就变得贫瘠。

母质——土壤的父母，它们的密度、多孔性和导热性也影响土壤的性质。如果母质是疏松多孔又容易导热，就能使土壤里有充分的空气和水分，那么土壤的肥沃性就有了保证。

其次谈气候。

不同的地区，有不同的气候。风、湿度、蒸发的作用、温度和雨量，都是气候的要素，它们都会影响土壤的性质。其中以温度和雨量的作用更为显著。温度越高，土壤里的物理、化学和生物学的变化就进行得越快；温度越低就进行得越慢。雨量越多，土壤里淋洗的作用就越强，很多的无机盐和腐殖质就会被带走。雨量越少，土壤就会变得越干燥，淋洗作用也减弱。

第三谈地形。

地形的不同，对于土壤的性质也有很大影响。这是由于气候和地形的关系很密切，往往由于一山之隔，山前山后，山上山下的气候都不相同。一般说来：地势越高，气候越冷；地势越低，气候越热；背阴的地方冷，向阳的地方热。如果是斜坡，土壤容易滑下来，土层就不厚；如果是洼地，土粒就很容易聚集起来，土层就堆得厚。地势越

高，地下水越深；地势越低，地下水离地面越近。

所以，由于地形的不同，影响了土壤的性质，使有些地方植物生长得很好，有些地方植物生长得不好。

第四谈生物。

生物界对于土壤的影响是很大的，它们的行列中有植物、动物和微生物。

植物是土壤养料的蓄积者，它们的遗体留在土中，可以增加土壤有机质和腐殖质的成分，以供微生物活动的需要。植物的根还会分泌带有酸性的化合物，可以使土壤中难于分解的矿物质得到分解。

由于植物的覆盖，可以改变气候，就会使土壤的性质发生变化。例如：森林能缓和风力，积蓄雨水和雪水，润湿空气，减少土壤的蒸发。

动物中如蚯蚓、蚂蚁和各种昆虫的幼虫，也都是土壤的建设者，它们在土壤里窜来窜去，经过它们的活动，就会使土粒松软。

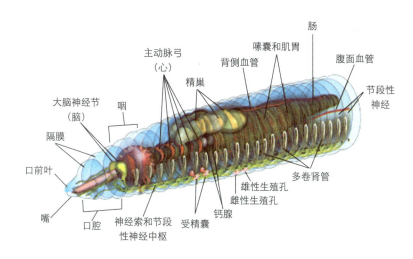

蚯蚓的头部结构图

微生物对于土壤的性质影响更大。微生物的代表有原虫、藻类、真菌、放线菌和细菌，它们一面破坏复杂的有机物，一面建设简单的无机盐，促进了土壤的变化，使植物能得到更多的养料。它们之中，以细菌最为活跃，细菌不但是空气中氮素的固定者，它们还经常和豆科植物合作，把更多的氮素固定起来，使土壤肥沃，就是它们死后的残体也变成了植物的养料。

最后谈土壤年龄。

土壤的年龄有大有小。土壤从它的发生到现在，一直都在变化和发展。它由一种土壤变成另一种不同的土壤，因而土壤的年龄和它的性质是有关系的。土壤越老，它的内容越复杂。

以上五种因素，对于土壤的性质都有影响。但是，它们都可以由人类来控制。人类向大自然进军的目的，就是要改变土壤的性质，用人的劳动来控制土壤发展的方向，使它能更好地为农业生产服务。

把死土变成活土
——从深翻地谈到土壤的改造

为了丰收，必须不断地改造土壤。在今天，随着农业生产的大跃进，我们对于土壤的要求更高了。我们要命令土壤服从人类的意志，向人类所愿望的方向发展，使它们能更好地为农业大丰收服务。

最近，党中央总结了农民丰产的丰富经验，发布了关于深耕和改良土壤的指示。这个指示提出两项非常重要的基本措施：深翻土地和分层施肥。

用农民的话来说：深翻可以使死土变成活土。这就是说，使没有肥力的泥土，变成有肥力的土壤；使没有生产价值的死土，变成能生

产作物的活土。

分层施肥可以保证活土变成油土，使有肥力的土壤更加肥沃，从而获得高额的丰产。

深翻土地，是我国固有的一种耕作法，它能改变土壤的面貌和特性，使土壤有利于作物生长。

深翻的好处，在于它能加厚土壤的疏松层，又能使土壤里的孔隙增大，可以适当调节水分、空气和温度，这就有利于农作物根系的发育和伸展，加强抗风力，防止倒伏。

深翻虽然不能直接增加有机质和氮素，但是它能加强土壤矿物质的风化作用，把大量的磷素和钾素解放出来，使土壤里的生命活动更加活跃起来。

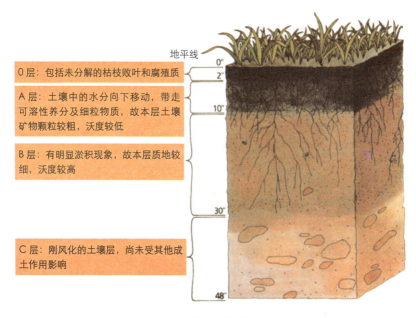

地平线

0层：包括未分解的枯枝败叶和腐殖质

A层：土壤中的水分向下移动，带走可溶性养分及细粒物质，故本层土壤矿物颗粒较粗，沃度较低

B层：有明显淤积现象，故本层质地较细，沃度较高

C层：刚风化的土壤层，尚未受其他成土作用影响

0"
2"
10"
30"
48"

土壤的剖面

深翻土地，能使土壤中的水分和养料保蓄得更多更好，减少了雨水的流失；同时也减少了水分蒸发的损失。深翻又可以平整土地，消除土壤的一切有害作用，它能消灭杂草、病虫害和氧化土壤的有毒物质。

但是，有些人对于深翻问题还有顾虑。他们认为：如果每年翻耕土层，就会破坏土壤的团粒结构，降低了土壤的肥力。又有的人说：如果把下面的生土翻上来，反而要使当年庄稼减产。

分层施肥解决了这些矛盾。

分层施肥使土壤熟化，增加土壤里的有机质和腐殖质的成分，使土壤由活土更进一步变成油土。

有机质和腐殖质是有胶结性的，它们能把单粒结构的土壤变成团粒结构的土壤，这样就能大大地提高土壤的肥力。

在单粒结构的土壤里，土粒都是一个一个地紧靠在一起，它们之间的孔隙非常小，因而保水保肥的能力还很差。下雨的时候，只有30%以下的雨水能够渗到土壤里去；70%以上的雨水都从地面上流走了。一到晴天，渗下去的雨水，就沿着毛细管上升而蒸发掉。

在团粒结构的土壤里，由于有机质和腐殖质的作用，把单粒的泥土都胶结起来成为团粒。团粒和团粒之间的孔隙比单粒和单粒之间的孔隙大得多，同时团粒土壤的内部还存在着许多小孔隙。下雨的时候，雨水可以直接穿过团粒间的大孔隙，无论多大的雨水，都能渗到土壤里的深层。雨一停，大孔隙里的雨水都溜光了，随着空气就来接替它的位置。当团粒里的水分开始蒸发的时候，因为毛细管的作用被打断，下面土壤的水分蒸发就较慢。因此，团粒结构的土壤就不会旱涝成灾。

现在，在广阔无边的祖国的田野上，已经响起深翻土壤的冲锋号。如果能把深翻结合施肥工作做好，再加上密植等重要措施，来年大面积的高额丰产，一定可以拭目以待。

土壤的建设者和改造者——肥料

肥料是土壤的建设者和改造者，它们对于提高土壤的肥力有决定性的作用。

在物质的世界里，有许多种元素都是肥料大军的成员，这些元素就是：氮、磷、钾、钙、镁、硫、铁，以及铜、锌、硼、锰等，其中以氮、磷、钾三种元素最活跃，人们把它们叫作肥料的三大要素。

氮是蛋白质的基本成分，蛋白质又是细胞的组织者。如果土壤中的氮素不够，植物的茎秆就会变得矮小微弱，叶子发黄，结实减少。所以长叶子的作物如蔬菜，特别欢迎氮肥。但是，如果氮肥施得过多，对于作物的生长也会不利：作物延迟成熟，而且变得柔嫩，容易

施　肥

遭受病虫害，有时更会引起倒伏。

磷是细胞核所特有的一种基本元素，没有磷或缺少磷，细胞就不能繁殖。所以使用磷肥对于种子发芽和幼根生长是有积极的作用的。它能使作物提早开花结子，使谷粒长得肥满丰硕。

钾也是植物细胞的基本元素之一。它能使作物的光合作用进行得更为顺利，使作物生长得健壮，并能增加它们抵抗病虫害的能力。土壤里如果缺少钾肥，作物的茎秆就会变得十分脆弱而容易倒伏，它们的种子也会因此失去固有的健康。作物中如甘蔗和洋芋等的茎和块根特别发达，对于钾元素就更需要。

各种肥料内氮、磷、钾的含量各有不同。例如人粪尿、豆饼、石灰氮、硫酸铵、硝酸铵等肥料，主要含有氮素，就叫作氮素肥料；骨粉、过磷酸钙等肥料，含的以磷素为主，叫作磷素肥料；草木灰、硫酸钾等肥料是以钾素为主，就叫作钾素肥料。

在肥料的大军中，有些肥料，如肥田粉之类，容易在水里溶解，因此，就能很快地被植物的根所吸收。这种肥料见效快，叫作速效肥料，它们很容易受到控制，但也容易流失，所以只适合于作追肥用。

在肥料的大军中，有些肥料，特别是有机肥料，如厩肥、堆肥和绿肥，它们所含氮、磷、钾虽然比较均匀，但是不容易在水里溶解，要先经过微生物的作用才能溶解在水里，只能让它们慢慢地被作物吸收。这种肥料见效慢，叫作迟效肥料，它们不容易受到控制，也不容易流失，所以适合于作基肥用。

土壤里的一群小战士

土壤是个大战场，日日夜夜都在进行着非常激烈的生命斗争。参加作战的，除了形形色色的动物和植物外，还有庞大的微生物大军。它们的数量大得惊人，根据最新的估计，在每1克重的土壤里，它们的数量可以达到1亿到10亿之多，其中以细菌部队的力量最为雄厚和活跃。

一般说来，在生命活动的竞赛中，细菌部队是以数量多、繁殖快和发酵能力强获得优胜的。在自然界里，哪里有有机物和水分，哪里就有细菌存在。

土壤是细菌的根据地，每一颗湿润的土粒，都是它们的集中场所。它们的繁殖非常快，一遇到可吃的东西，就一而二，二而四，四而八……一直分裂下去，大约每隔20分钟就分裂一次。但是，它们繁殖的快慢，还要由环境的条件来决定。

第一，要看土壤的酸碱度。一般细菌都适应在略带碱性的土壤里居住。在这种土壤里，它们能繁殖得更快。如果土壤变成酸性，它们的活动就减弱了。

第二，要看季节，这是和温度有关的。有些细菌适应温热；有些细菌适应寒冷；但大部分的细菌都是适应在正常的气候里繁殖，所以它们的生命活动，以春秋二季最为活跃。

第三，要看湿度。在干燥的土壤里，细菌活动大受限制，湿度在50%～70%左右，最利于细菌的生长繁殖。

第四，要看氧气的供应情况。有些细菌需要足够的氧气才能生活，这类细菌叫作好气菌；有些细菌不需要氧气，在有氧气的环境里，反而不能生存，这类细菌叫作嫌气菌。

当细菌部队参加土壤的战斗的时候，会给农作物带来什么影响呢？

有许多种有机质或有机肥料，植物不能直接吸收，这就必须经过细菌的作用，把它们分解，使它们变成植物可以吸收的状态。例如硝酸盐就是这样产生出来的。

有些细菌的活动，可以把空气中的氮固定起来，成为植物所需要的氮素肥料；有些细菌可以把土壤中不易溶解的无机盐类都溶解掉，帮助植物获得无机养料中的某种元素，例如磷等。

还有些细菌，由于新陈代谢的结果，能把有机质变为腐殖质，产生了一种有机酸，可以把土壤的粒子胶结起来，变成稳固的团粒，提高土壤的肥力。

植物在它们发育生长的过程中，有的时候还能吸收抗生素和维生素，这些有机物质，是由其他微生物如真菌和放线菌等所分泌出来的。

但是，也有些微生物的作战，对于植物的生存，起了破坏的作用。这些微生物，有的因为吃得过火，把土壤中的硝酸盐和硫酸盐都还原了，使植物不能利用；有的减低了根系的氧的浓度，造成了对于植物生长不利的环境；有的甚至产生了危害植物生命的毒素；更有的简直盘踞在植物上面使农作物发生了病害。

怎样使土壤微生物的生命活动朝着有利于农业增产的方向发展？这是目前正在研究的问题。这个问题，有一部分已经由细菌肥料的施用而解决了。

细菌肥料种类很多，如根瘤菌和固氮菌等都是最常用的。它们都能吸收空气中的氮，把它固定起来，变成植物的养料。细菌肥料，可以用人工的方法来培养，这是科学参加土壤的战斗以后的事。

让那些有益的菌种——土壤里的一群小战士，发挥它们最大的效用，为农业生产服务吧！

1959 年 3 月

水的改造

水，在它的漫长旅途中，走过曲折蜿蜒的道路，它和外界环境的关系是错综复杂的，因而水里时常含有各种杂质，杂质越多水就越污浊，杂质越少水就越清净。

纯洁毫无杂质的水，在自然界中是没有的，只有人工制造的蒸馏水，才是最纯洁的水。蒸馏的方法是：把水煮开，让水蒸气通过冷凝管重新变成水，再收留在无菌的瓶罐中，这样，所有的杂质都清除了。蒸馏水在化学上的用途很广，化学家离不开它；在医院里、在药房里、在大轮船上，它也有广泛的应用。

水里面所含的杂质如果混有病菌或病原虫，特别是伤寒、霍乱、痢疾之类的病菌，那就十分危险了。所以没有经过消毒的水，再渴也不要喝。

为了保证居民的饮水卫生，水的检查就成为现代公共卫生的一项重要措施。在大城市里，水每天都要受到化学和细菌学的检验，这是非常必要的。在农村里，井水和泉水最好也能每隔几个月检验一次。

水经过检查以后，还必须进行一系列的清洁处理。我们的水源有时混进粪污和垃圾，这就是危险的根源。

一般说来，上游的水比下游的水干净，井、泉的水比江、河的水干净，雨水又比地面的水干净。

江河的水都是拖泥带沙，十分混浊，所以第一步要先把水引进蓄

水池或水库里聚集起来，让它在那儿停留几个星期到几个月之久，使那些泥沙都沉积到水底，水里的细菌就会大大地减少。

但是，总免不了有一些微小的污浊物沉不下去，这就需要用凝固和过滤的方法，把它们清除掉。

凝固的方法：把明矾或氨投在水中，所有不沉的杂质都会凝结成胶状的东西被清除出去。

过滤的方法：强迫污浊的水通过沙滤变成清水。这样做，有90%的细菌都被拦住。

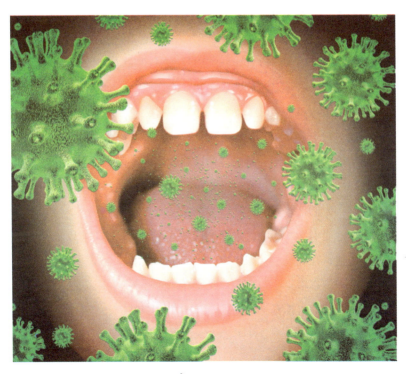

病从口入

至于还有一些漏网的细菌，那就必须进一步想办法加以扑灭。

这就是空气澄清法和氯气消毒法。

空气澄清法，就是把水喷到空中，让日光和空气把它澄清。

氯气消毒法，就是用氯气来消毒水。氯气是一种绿黄色的气体，化学家用冷却和压缩的方法把它制成液体。氯气有毒，但是，一百万份水里加进四五份液体氯，对于人体和其他动物是无害的，而细菌却被完全消灭了。

氯气在水里有气味，有些人喝不惯这样的水。近来有人提倡用紫外线来杀菌，这样，水就没有气味了。

有时候，水的气味不好，是水中有某种藻类繁殖的结果。在这种情形下，我们可以在水里稍许加些硫酸铜，就能把藻类杀尽。硫酸铜这种蓝色的药品，对于人类也是很有毒的，但是在 3000 吨水里，只加 5 公斤硫酸铜，那就没问题。

为了消灭水里的气味，又有人用活性炭，它能把水里的气味全部吸收，而且很容易除掉。

经过清洁处理的水，是怎样输送到各用户手里去的呢？它必须通过大大小小的水管，经过长途的旅行，然后才能到达每一个机关、工厂和住宅，人们把水龙头拧开，水就淙淙地奔流出来了。

由于地心引力的影响，水都是从高处流向低处的，所以蓄水池和水库必须建筑在高地上，如果用井水和泉水做水源，那就必须用抽水机把水抽送到水塔里去，水塔一定要高过附近所有的建筑物，才能保证最高一层楼的人都有水用。

1959 年 3 月

大海给我们的礼物

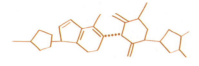

大海是生物的家乡，也是地球上一切元素的归宿地。

在大海的怀抱里，生长着千奇百怪、种类繁多的海生动植物，可供人们食用；有的还可以充当肥料，叫作海肥。

在大海的浪涛里，溶化着一切可能溶解的物质，几乎大陆上的每一种元素，在海水里都能找到它的踪迹。

据估计，全世界海水的总体积是 13.7 亿立方千米。全世界的河流，每年从陆地带到海洋里去的溶解物质，就有 30 亿吨之多。无疑，大海的宝藏是非常丰富的。

在这些溶解物质之中，连水的原子都算在内，有氧、氢、氯、钠、镁、硫、钾、溴、碳、锶、硼、氟、硅、镓、锂、氮、碘等 17 种元素，占海水总重量的 99.99% 以上，其中食盐、碘、溴、镁等 4 种物质，是人类所特别需要从海水中提取出来的。这些就是大海送给我们的最好的礼物。

大海送给我们最好的礼物之一是食盐。

食盐是氯元素和钠元素的化合物。虽然内陆也有一些盐湖和盐井，但海水却是它最丰富的来源。人们把海水引进海滨的盐田，让太阳把水蒸发掉，食盐的结晶体就出现了。

一般说来，我们每个人的身体里面，都含有 10 两[①] 多的食盐，

---

① 1 两 = 50 克。

我们不吃食盐是不行的。此外，食盐还是制造肥皂、玻璃、漂白粉，以及许多其他化学工业产品的重要原料。

大海送给我们最好的礼物之二是碘。

碘是带有金属光泽的灰色结晶体，很容易挥发出紫色蒸汽。

地球上不论哪块地方，都含有少许的碘；在岩石里，在土壤里，在河流里，都含有碘的成分，动植物和人的身体里，含有更多的碘，而以海水里含的碘最丰富，每一公升海水含碘 2 毫克。海生动植物，如海藻、海绵、海带之类，都含有大量的碘，每一吨海藻约含有几公斤碘。

碘对人体是有救伤治病之功的。它有止血、杀菌、防止伤口感染的能力（但是，用碘过多，也会使人中毒）；它还有促进新陈代谢、防止血管硬化和治疗甲状腺肿的功效，人的身体里，如果缺少了碘，就会发生甲状腺肿的症状。

碘在工业上的用途也很广，碘的有机化合物能不让 X 光透射过去，把这种化合物注射到人体组织里，就可以把组织内部特别清晰地照出相来。

如果我们把一种碘盐加进赛璐珞里，就会阻止光波从各方面透进。这种加了碘盐的赛璐珞片，可以制造非常优良的放大镜，完全可以代替显微镜，尤其是适合于在野外勘探的时候用。如果把加有碘盐的赛璐珞片装在汽车的玻璃窗上，你在夜间马路上行驶的时候，就不会被迎面开来的汽车的灯光迷住眼睛。

大海送给我们最好的礼物之三是溴。

溴也是一种有色的元素，它经常处在液体状态中，不断挥发出红褐色的气体。在所有的海水里，都含有溴的化合物。除了海水以外，地球上的一切天然盐水如盐湖和矿泉等，蒸发干了以后，留下来的盐类残渣里，都能找到溴的化合物。溴是工业中的一名能手：在照相馆里、在汽油公司里、在药房里、在染料厂里，以及在许多其他工业部门，都有它的工作。

大海送给我们最好的礼物之四是镁。

镁是一种活泼的轻金属，在自然界里，它不能单独存在，经常和其他元素化合在一起。在大海里所含有的，是它和氯的化合物，含量非常丰富。

氯化镁经过电解，就可以取得金属镁。金属镁是各种轻便而耐用的合金的重要成分。它很容易燃烧发出一种强烈的白光，照相用的镁光灯和各种信号灯以及焰火等，都是用它制造的。它的各种合金用途很广，如手推车、小儿车、打字机和照相机等的架子，都是它们的制品；至于飞机、汽车和各种机器上的零件，那就更不用说了。

1959 年 3 月

衣料会议

衣服是人体的保护者。人类的祖先，在穴居野处的时候，就懂得这个意义了。他们把骨头磨成针，拿缝好的兽皮来遮盖身体，这就是衣服的起源。

有了衣服，人体就不会受到灰尘、垃圾和细菌的污染而引起传染病；有了衣服，外伤的危害也会减轻。衣服还帮助人体同天气作不屈不挠的斗争：它能调节体温，抵抗严寒和酷暑的进攻。在冰雪的冬天，它能防止体热发散，在炎热的夏天，它又能挡住那吓人的太阳辐射。

制造衣服的原料叫作衣料。衣料有各种各样的代表，它们的家庭出身和个人成分都不一样。今天，它们都聚集在一起开会，让我们来认识认识它们吧！

棉花、苎麻和亚麻生长在田地里，它们的成分都是碳水化合物。

棉花曾被称作"白色的金子"，它是衣料中的积极分子。从古时候起它就勤勤恳恳为人类服务。在人们学会了编织筐子和席子以后，不久也就学会了用棉花来纺纱织布了。

从手工业到机械化大生产的时代，棉花的子孙们一直都在繁忙紧张地工作着，从机器到机器，从车间到车间，它们到处飘舞着。当它来到缝纫机之前，还得到印染工厂去游历一番，然后受到广大人民的热烈欢迎。

苎麻和亚麻也是制造衣服的能手，它们曾被称作"夏天的纤维"。它们的纤维非常强韧有力，见水也不容易腐烂，耐摩擦、散热快。它们的用途很广，能织各种高级细布，用作衣料既柔软爽身又经久耐穿。

羊毛和皮革都是以牧场为家，它们的成分都是蛋白质。

羊毛是衣料中又轻又软、经久耐用的保暖品，是制造呢料的能手。它们所以能保暖，是由于在它的结构中有空隙，可以把空气拘留起来。不流动的空气原是热的不良导体，可以使内热不易发散，外寒不易侵入。

在人们驯服了绵羊以后，就逐渐学会了取毛的技术。

皮革不是衣料中的正式代表，因为它不能通风，又不大能吸收水分，因而不能作普通衣服用。可是在衣服的家族里，有许多成员如皮帽、皮大衣、皮背心、皮鞋等都是用它们来制造，它们还经营着许多副业如皮带、皮包、皮箱等。皮子要经过浸湿、去毛、鞣制、染色等手续，才能变成真正有用的皮革。

像皮革一样，漆布、油布、橡皮布也不是正式代表，它们却有一些特别用途，那就是制造雨衣、雨帽和雨伞。

蚕丝是衣料中的漂亮人物，也是纤维中的杰出人才，它曾被称作"纤维皇后"。它的出身是来自养蚕之家，它的个人成分也是蛋白质。蚕吃饱了桑叶，发育长大后，就从下唇的小孔里吐出一种黏液，见了空气，黏液便结成美丽的丝。蚕丝在自然界中是最细最长的纤维之一，富有光泽，非常坚韧而又柔软，也能吸收水分。

利用蚕丝，首先应当归功于我们伟大祖先黄帝的元妃——嫘祖。这是4500多年前的事。她教会了妇女们养蚕抽丝的技术，她们就用蚕丝织成绸子。其实，有关嫘祖的故事只是一个美丽的传说。真正发

纺织生产

明养蚕织绸的，是我国古代的劳动人民。随着劳动人民在这方面的经验和成就的不断积累提高，蚕丝事业在我国越来越发达起来。公元前数世纪，我国的丝绸就开始出口了，西汉以后成了主要的出口物资之一，给祖国带来了很大的荣誉。

在现代人民的生活里，人们对衣服的要求是多种多样的，而且还要物美价廉，一般的丝织品和毛织品，还不能达到这样的要求，人们正在为寻找更经济、更美观的新衣料而努力着。

近些年来，在市场上，出现了各种品种的人造丝、人造棉、人造皮革和人造羊毛，这些都是衣料会议中的特邀代表。

人造丝来自森林；人造棉来自木材和野生纤维；人造皮革和人造羊毛来自石油城。

衣料会议中，有一位最年轻的代表，它的名字叫作无纺织布，它来自化学工厂。这是世界纺织工业中带有革命性的最新成就。这种布做成衣服能使我们感到：更轻便，更舒服，更保暖防热，更丰富多彩，也更经济。

无纺织布有人叫作"不织的布"，可以用两种方法来生产。第一种是缝合法，把棉、毛、麻、丝等纺织用的原料梳成纤维网，经过反复折叠变成絮层，然后再缝合成布。第二种是粘合法，把纤维网变成絮层，再用橡胶液喷在絮层上粘压成布。

无纺织布是第二次世界大战后的新产品，因为它能利用低级原料，产量高而成本低，还能制造一般纺织工业目前不能制造的品种，所以世界各国都很重视它的发展，它的新品种不断地在出现。

衣料代表真是济济一堂。

在闭幕那一天，它们通过两项决议。

它们召号：做衣服不要做得太紧，也不要做得太宽。太紧了会压迫身体内部的器官，妨碍肠管的蠕动和血液流通；太宽了妨碍动作而且不能起保暖的作用。

它们呼吁：衣服要勤洗换，要经常拿出来晒晒太阳，以免细菌繁殖；在收藏起来的时候，还得加些樟脑片或卫生球，预防蛀虫侵蚀。保护衣服就是保护自己的身体。

1959 年 5 月

地下王国漫游记

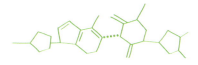

　　地下王国是我们的行星上最古老的国家之一，它的历史非常悠久，利用铀的蜕变做钟表来计算，大约在二十多亿年以前，当地球有了固体地壳的时候，这个王国就成立了。它的领域非常深广，从地球的表层到地球的核心，就有 6377 公里，相当于地球的半径。它的物产非常丰饶，各种矿藏应有尽有，地球上所有各种金属和非金属，各种放射性元素和稀有元素，各种岩石和岩浆，还有煤和石油，都归它所保管。

　　过去，人们对于地下深处这个伟大国家的认识是极其模糊不清的。长期以来，人们的意识被封建迷信观念所封锁，有些糊涂的人以为：地下深处是阴间地狱的所在，是死神和魔鬼所盘踞的地方，这就在人们的脑子里引起无限的恐怖，哪里还有胆量去做一次幻想的旅行呢！

　　现在，这些迷信观念都已一一被打破了。为了寻找矿石和石油，以适应生产建设的需要，把人们的幻想引导到一个新的方向，这就要开发地下宝藏。于是，人们对于地球深处开始注意了。千百架钻探机和一些地震仪开始动作起来，勘探队员一批又一批被送到全世界各个角落去探宝，因此地下王国的真面目，才逐渐为人们所了解。

　　第一个幻想着到地下王国去旅行的人，是俄国"科学之父"罗蒙诺索夫，在他的许多著作中都表示了这个有趣的志愿。后来，抱有这种强烈兴趣的人逐渐多起来了。现在我们不但有了钻探机，而且有了各种各样的物理探矿仪器，如利用磁力、电流、无线电波和地震波等来研究地下王国的情报，对于地下这个概念比先前的幻想要真实得多了。

到地下王国去旅行，都要从地球表层出发，第一站的名称叫作土壤，比起地球的半径来，这仅仅是一层薄膜。植物的根在这儿舒腰伸臂，吸取水分和养料；蚂蚁和蚯蚓在这儿钻洞造窝。这儿是生物的摇篮，也是生命的归宿地，这儿有古人的坟墓，也有地下宫殿，有城市的废墟和从废墟里所发掘出来的文物，如青铜器、陶器和石器等。所以这一站的名称，又叫作文化层。我们的钻探机就在这儿开始顽强的工作，穿过黏土和泥沙，一站又一站掘下去，不断地发现许多各种各样生物的残骸和遗迹。有几层地层形成得比较早，其中所含古代生物的残骸和遗迹也特别多，在这里我们仿佛看到，原始人披着兽皮，拿着石头做的武器，生活在苔原上猎取猛犸——这是一种现在已经绝种了的长着毛的古象。

一站又一站，再往下走，在沙土里我们发现一副几乎是完整无缺的头盖骨。这是一种凶恶野兽的头盖骨，这种野兽叫作剑齿虎，因为它有像利剑似的獠牙而得名。它是冰川时期最可怕的一种凶兽，它常常追捕着野马——现在家马的祖先。原始的猿猴——就只好长年地居住在树上。

这是大约离现在2000万年到2500万年以前的事。我们的旅行只不过走到离地面20米深。我们越往下走，回到历史上去的时间越古老。大约在1亿5000万年以前，那时候连人类的影子也没有，一切哺乳类动物都还没有出现，那时候是恐龙的世纪。这些恐龙们都是庞大无比、奇形怪状的爬行动物，其中有一种叫作雷龙。它的身长有

20米，体重有象的8倍，只要把脖子抬起来，就很容易把头伸进现代三层楼房高的窗口里。

我们越往下走，经过的地层越多，这些地层会讲给我们听更多更动人的故事，地层会告诉我们地球上生命的全部历史。

黏土、泥沙和石灰石，一层又一层地交替着，再往下深入，就到了地下王国的煤专区，这是煤的根据地。人们把这个时代叫作石炭纪。

大约在3亿年以前，地球上的气候是那么温暖潮湿。在江河湖沼的沿岸，生满着密茂的森林，这些森林，都是羊齿类植物，如凤尾草、木贼和石松等，这些巨大的植物，死后倒身在沼地里，被沙石所掩盖，越埋越深，由于和空气隔绝，日子久了，就变成了煤。

今天，蕴藏在地下的煤，不是一个时代所形成的，但是以石炭纪所生成的最为丰富。在那个时代的森林前面，我们时常可以发现，一种庞大的两栖类动物，它们住在水里，用鳃呼吸，常常爬到陆地上去观光。

过了煤的专区，再往下走，就到了石灰岩专区。这个石灰岩，有几百米深，它告诉我们：从前这个地方是海，石灰岩就是大海的一种沉积物，它是由无数小贝壳、骨骼和溶解在水里的石灰质所形成的。

在这个厚厚的石灰层里，我们还可以发现三叶虫的遗迹，它们是昆虫的祖先，在全盛时代，曾被称作大海的霸王，它们在海水里游泳，横行无忌，不可一世。

那时候，陆地上还没有生命出现，一片荒凉，而在海里却非常热闹，无数的三叶虫、海百合、海星和贝壳，都生长得极其旺盛。

别了石灰层，我们向1500米的深处进军，这儿生命的环境越来越艰苦，生物就变得越简单、越原始了。再往下走，连生命的痕迹都找不到了。我们碰到了极其坚硬的结晶底层，碰到了花岗岩。这是一种结晶的岩层，它是由于一种熔化的岩浆逐渐冷却而形成的。

从花岗岩专区再往下去，就是玄武岩专区，这是最重的岩层，它的岩浆曾经多次从地球裂缝和火山口突破花岗岩的外壳，喷射到地球表面上来和人类见面。

在玄武岩专区下面，大约70公里的深处，有一层中间壳膜，这层壳膜的岩石的出现，曾引起全世界地质学家的极大注意。因为这种岩层，就是金刚石、白金及其他稀有金属的蕴藏地带。这是地下王国最贵重的宝库。

地下王国的旅行，在这里告一段落。因为在这里光靠钻探机是不能完成勘探任务的，要了解地下更深的情况，还得另想办法。

有一种非常灵敏的仪器，叫作地震仪，这是地下旅行者更锐利的武器。通过它，不但可以察觉短距离的震波，而且也可以察觉环绕全地球的震波，察觉从地球核心反射回来的震波。

这种震波，就是地下深处最重要的见证人，它告诉我们：地下旅行深到1200公里，情况就急剧改变，这里已经不是固体的地层，而是熔化的岩浆；深到2900公里，地层密度的改变就更加急剧。我们已开始进入地球的中心核了，这是由铁和镍组成的核，同时还含有钴、磷、碳、铬、硫等杂质。

地下王国的气候，据地下旅行者看来，是逐渐由冷变热的。我们越往下走，就觉得温度越高，大约每往下100米，就升高3℃；一到了地球中心，温度可达3000℃～5000℃。同时越往下走，压力也越增大，到了2900公里的深处，压力要增加到1300个大气压。在这么大的压力下面，什么原子都要缩得紧紧的，所有的电子，也都要靠拢起来了。

我们在黑暗中旅行了许多公里的路程。我们参观了元素的旅馆、金属的集体宿舍、化石的陈列所、矿石的故乡、岩石的老家、煤和石油的根据地。我们走过发烫的喷着热气的矿井，走过发亮的岩层，这些岩层，最初发出的光是很微弱的，越往下走，就越明亮起来，由暗红、猩红、鲜红、橙黄色到耀眼的白光。到了地球的中心，那光亮就更刺眼了。

我们旅行的终点，是地球的最中心，这是地下王国的首都，在这里一切都是高热滚烫、光芒迫人的；这里的压力，已经达到 3500 万个大气压。

地下王国，并不是如人们最初所想象的那样死气沉沉、静止不动的，它的生活是非常复杂而多样化的，这里物质的斗争是非常剧烈的，至少靠近地面 100 公里厚的地区是这样。这是化学活动的地带，是大自然进行化学反应的地带，这里有许多猛烈的事件发生：如温度和压力的波动、山脉的升降、冰川的进退、地震、火山的爆发，有的地方受到严重的破坏，有的地方却在欢庆新生。深层的岩浆、滚热的泉水和矿脉都在冷却，许多种放射性元素都在蜕变。这里有生命和死亡的搏斗；有化学分子的悲欢离合，这里永远是新的作用和新的变化的发源地。

这就是地下王国的情景。

1959 年 8 月

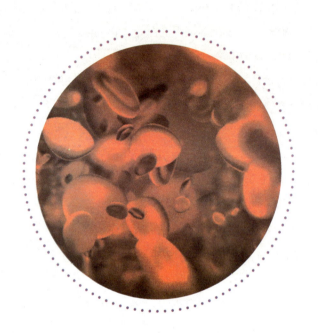

血的冷暖

在动物世界里，有冷血和暖血动物之分，这种区别究竟在哪里呢？

为了回答这个问题，得先追查一下，动物身上的热气是从什么地方发生出来的。

有些人认为：热大半都是由摩擦而发生，动物身上的热气，也是血液和血管之间的摩擦而产生的。

这种说法，一直到 18 世纪末叶，还盘踞在人们的脑子里。直到氧发现后不久，法国化学家拉瓦锡才指出：动物的热气，也是一种燃烧或氧化作用。他以为：生理上氧化作用的地点是在肺部，血液一到了肺部，它所含有的碳水化合物就和吸进去的氧化合，产生了水和二氧化碳，同时放出了大量的热。

后来，根据生理学者的试验又证明了：体热的发生，应当归功于全身血液，不仅限于肺。

又经过多年的争论，科学界才一致公认：体热也不是单单从血液里产生，而是由全体细胞负责。氧运到了各细胞里，才开始氧化而产生热。血液所担任的只是运输和分配的工作，由于它的循环流动，就能把过剩的热送到过冷的部位去，互相调整。

除了生病发烧以外，动物的身体都能经常保持一定的温度。这是由于它们的体内有一种管束体温的机能。

以上的结论，是由观察暖血动物而得来的。至于冷血动物呢，它为什么有这样的称呼呢？是不是因为它的身体都是冷冰冰的，就没有一丝热气呢？

一般说来，动物的血液所以有冷暖之分，是根据它们的体温和外界空气的比较而定。那么，人和鸟兽之类的动物，号称暖血，是不是它们的血液比空气热呢？爬虫、青蛙和鱼之类的动物，号称冷血，是不是它们的血液比空气冷呢？

事情不是这样简单。

暖血动物的体温，不受环境的影响，不论是在夏天还是在冬天，不论四周空气是比身体热还是冷，它们的体温都不会发生什么变化。所以暖血动物不如叫作有恒体温的动物。

冷血动物的体温就有伸缩性了。在冬天，它们的体温常常是低的，低到和四周的空气或水相近；在夏天，环境的温度加高，它们的体温也随着上升。它们在冷的环境中，才变成冷血了，所以还不如叫作无恒体温的动物。

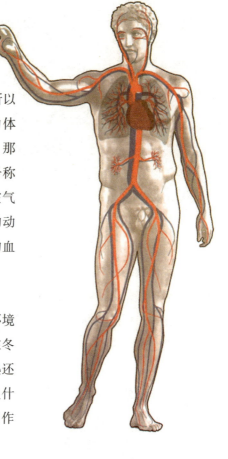

血液循环

暖血动物能维持一定的体温，是由于它们氧化的力量很强盛，而且具有管束体温的机能。

冷血动物的氧化力量薄弱，又没有管束体温的机能，即使有，也不十分发达。

还有冬眠动物，它们的体温介于暖血和冷血之间，也具有管束体温的机能，在平常的日子里，都能维持一定的体温，但遇到极冷的时候，它们就不能支持了。所以在冬眠期间，它们的体温几乎和周围的空气一样。

勤劳的蜜蜂过着集体生活，它的蜂群有时候被称作昆虫中的暖血者，这是由于它们的辛勤劳动产生了热气，能调节和维持蜂巢内的温度。

恶毒的蛇，是爬虫类的后代，它们的体温有时比环境只高出2℃～5℃。有的爬虫也略具有管束体温的机能，可以防止体温升得太高。例如它们一到了太热的时候，就不得不喘气，喘气就是把肺里的水分蒸发了，于是热就消失不少。

总地说来，动物所以有暖血和冷血之分，是由于它们对于环境气候的反应存在着生理上的分歧。

1959 年 12 月

土壤里的劳动者

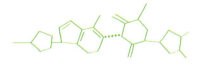

庄稼渴望着土壤输送给它以丰富的滋养，像婴儿渴望着母亲的奶汁。

什么是土壤母亲的奶汁呢？

土壤母亲奶汁的主要成分，就是氮、磷、钾三大元素。

这些元素是从哪里得来的呢？

是从肥料那里得到的。

氮是蛋白质的基本成分，蛋白质又是细胞的组织者。如果土壤中的氮素不够，植物的茎秆就会变得矮小软弱、叶子发黄，所以长叶子的作物如蔬菜就特别欢迎氮素肥料。

一般说来，氮素来自人粪尿、豆饼、石灰氮、硫酸铵、硝酸铵等肥料。

磷是细胞核所特有的一种基本元素。没有磷或缺少磷，细胞就不能繁殖。所以使用磷素对于种子发芽和幼根成长是有积极作用的。

磷素来自骨粉、过磷酸钙等肥料。

钾也是植物细胞的基本元素之一。它能使作物的光合作用进行得更为顺利，使作物生长得健壮，并能增强它们抵抗病虫害的能力。

钾素来自草木灰、硫酸钾等肥料。

土壤就是这些肥料的集散地和制造所。土壤本身就是矿物质和腐殖质的混合物，再加上空气和水，这样，它就成为农作物最好的养育场。

单有矿物质，就是沙滩，不是土壤；单有腐殖质，就是垃圾堆，也不是土壤。

有了腐殖质，还必须经过分解作用，把复杂的蛋白质变成简单的硝酸盐；有了矿物质，还必须经过综合作用，使它们变成可以溶解的无机盐，然后植物的根才能吸收。

这分解和综合的工作，是谁担负起来的呢？谁是制造和加工肥料的"工人"呢？谁是土壤里的劳动者呢？

有人说：是日光、风、雨、冰和雪，把岩石风化了，才变成土壤。

有人说：是蚂蚁和蚯蚓，由于它们在地下钻来钻去，钻成许多小洞洞，使泥土里的空气和水得以流通。

有人说：是人类的锄头和犁耙。深翻的确有松解土壤之功。

但要土壤肥沃，不能全依靠它们。土壤里的真正劳动者，是一大群肉眼看不见的微生物，要在显微镜下它们才现出真容。这些微生物包括原虫、藻类、真菌、放射菌和细菌，而以细菌最为繁多而复杂，它们对于培育农作物的工作有着特殊的贡献。

现在已经被微生物学家所发现的有下面几种细菌：

第一种是腐败菌，又叫作硝化菌。是它们把大地上的腐物烂尸都一一分解了，由复

蚂 蚁

杂的蛋白质变成简单的硝酸盐，这是植物最需要的养料。

第二种是固氮菌。是它们把空气中的氮固定起来，成为植物所需要的氮素肥料。这种细菌广泛地分布在田地里。

第三种是根瘤菌。是它们隐藏在豆科植物的根瘤里，有时也散居在根周围的土壤里，它们也能把空气中的氮固定起来，变成植物根可以直接吸收的状态。

第四种是磷菌。是它们和土壤里的有机质中所含的磷素发生作用，使磷素变成水可以溶解的磷酸盐，以供植物的根直接吸收。

这些细菌都可以从土壤里挑选出来，应用科学的方法，在人工培养下制成细菌肥料，再把它们送到地里去，每亩地只需要半斤到一斤，在土壤里的温度、湿度和酸碱度以及氧的供应都适合它们的生存的情况下，它们就能大量地迅速地繁殖起来，保证农作物的生长发育，使田野欢庆丰收。

但是，也有些细菌对于植物的生存起了有害的作用，这些细菌由于吃得过火，把土壤中的硝酸盐和硫酸盐都还原了，使植物不能利用，有的减低了根系的氧的浓度，造成了对于植物生长不利的环境；有的甚至产生了危害植物生命的毒素；更有的简直盘踞在植物上面，使农作物发生病害。这样，这些细菌就从土壤建设者变成土壤破坏者了，人们自然是不能容许的。

人越了解土壤里的劳动者——土壤细菌——的生活特性和作用，对于农业的帮助就越大。

1961 年 1 月

庄稼的朋友和敌人

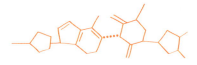

庄稼有许多朋友和敌人。

庄稼的朋友，大多数都是化学王国的公民，有的出身在元素的大家庭；有的来自化合物的队伍，它们都是植物生命建设者和保卫者。

这些朋友以氮、磷、钾三兄弟最受欢迎。这三兄弟就是肥料中的三宝，庄稼不能离开它们而生存，就和不能离开水和二氧化碳一样。

没有氮，就没有蛋白质；没有蛋白质，就没有生命。如果土壤中的氮素不够，植物的茎秆就会变得矮小微弱，叶子发黄，果实减少。

没有磷，细胞核就停止工作，细胞就不能繁殖。

没有钾，光合作用就不能顺利进行，对于病虫害的抵抗力也会减弱。

所以要提高农作物的收获量，这三种元素必须源源不断地加以补充。

除了这三种元素以外，参加植物营养供应的还有钙、硫、镁、铁、硅五位朋友。这五位朋友的需要量对于植物来说虽然不大，在一般土壤里都能找到，但它们的存在也是不可缺少的。

缺少钙，根部和叶子就不能正常发育；

缺少硫，蛋白质的构造就不能完成；

缺少镁和铁，叶绿素就要破产；

缺少硅，庄稼就不能长得壮实。

参加植物生命活动的化学元素，还有硼、铜、锌和锰这几位朋友，因为它们在植物中的含量极其微小，常被认为是杂质而不加重视，现在我们知道，这些元素朋友也是庄稼所需要的。

有了硼，庄稼就能抵抗细菌的侵袭而不会生病。大麻、亚麻、甜菜、棉花等作物尤其需要它。

有了铜，也可以使植物不会生病；铜元素又是细胞内氧化过程的催化剂。有了它，大麦、小麦、燕麦、甜菜和大麻的产量就会提高。

有了锌，植物的叶子就不会发生大理石状斑纹的毛病。

有了锰，就会使土壤更加肥沃。有很多农作物如小麦、稻子、燕麦、大麦、豌豆和苜蓿草等都需要它。

庄稼的敌人，给植物的生命以严重的威胁，给农业生产带来了莫大的灾害和损失。

第一批敌人，是杂草。杂草是植物界的殖民主义者，它侵占庄稼的土地，掠夺走养料和水分，并且给农作物的收割造成巨大的困难。

庄稼在它的生命旅途中，要和六十种以上的杂草进行斗争。这时候从化合物的队伍里来了一位庄稼的朋友，叫作生长刺激剂，是一种化学药剂，能抑制各种阔叶杂草的生长，每 15 亩土地只需要二三斤，就能把杂草的地上部分以及深达地下三分之一米的根部都毒死，而对于农作物却毫无害处。这种化学药剂，又叫作植物生长调节剂，由于它是一种复杂的有机酸，用它可以防止苹果树的苹果早期脱落，又可以使番茄、茄子、黄瓜、梨和西瓜之类的植物结出无籽的果实。

第二批敌人，是啮齿类动物，包括黄鼠、田鼠和家鼠，它们都是谷物的侵略者。估计一只家鼠和它所繁殖的后代，一年内能够吃掉100公斤以上的粮食。在这里，从化合物队伍里又来了一位朋友，叫作磷化锌，是一种有毒的化学药剂，把它和点心混合在一起，老鼠吃了就会毙命。

第三批敌人，就是害虫和病菌，也包括病毒在内。对于农业危害极大的亚洲蝗虫、甜菜的象鼻虫、黑穗病的病菌，以及烟草花叶病的病毒等，都是著名的例子。

农业害虫估计共有六千种以上，每年都给粮食作物和经济作物的收成以极大的打击，亏得从化学阵营里又赶来一大批支援农业的队伍，帮助农作物战胜病虫害。例如有一种含砷的化学药剂，叫作亚砷酸钙，它不但可以防治农作物的害虫，也可以用来防治果树的害虫。

还有许多种含铜、含硫和含汞等类的化学药剂，都有杀虫灭菌之功。

此外，以虫治虫、以菌治虫的办法普及以来，庄稼丰收更有了保证。

庄稼有了化学和生物的朋友，就不怕生物界敌人的进攻了。

人们认清了庄稼的朋友和敌人，掌握了它们变化、发展的规律，就能发挥更大的作用，为农业生产服务。

1961 年 1 月

蚯蚓先生和蜜蜂姑娘

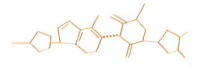

　　蚯蚓先生和蜜蜂姑娘都是农民的好朋友。它们一生都在辛勤地劳动，为农业生产服务，提高农作物的收成，使田野和果园丰收，因而它们和人民的关系是非常友好的。

　　蚯蚓是土壤国的居民之一，它的家住在土洞里，白天在地下工作，晚上才出来走动走动。它的行动是那么缓慢，只比蜗牛快一点。

　　一环一环又一环，它的身体是由许多环节组成的，每节上面都有刚毛，靠着肌肉一伸一缩，又有刚毛的支援，移动起来就比较便利了。

　　在移动的时候，它张开大口吞食土粒和植物残渣，经过消化，排出体外。这样，就把坚硬的泥土一步一步地翻松了，并且使土壤增加了肥力。

　　蚯蚓的子孙满天下，其种类繁多，据现今我们所知，共有近三千种之多。在每亩田地里，其数量也是惊人的，大约有三万多条。

　　蚯蚓是蠕形动物①的代表，在动物进化的过程中，它比水螅之类的腔肠动物前进了一步，但它比蜗牛之类的软体动物又落后了。

　　它身体内部构造有：消化管、血管、神经索。但它没有听觉器官，不能听见声音；没有视觉器官，不能看见东西（然而它对于光

――――――――――――――

　　① 蠕形动物为旧时动物分类中的一大类，现蚯蚓的分类为环节动物门、毛足纲、寡毛目。

采蜜的蜜蜂

却很敏感）；没有呼吸器官，却用皮肤来呼吸空气。它的触觉、味觉和嗅觉较为发达，依靠这些感觉，它就能觅取食物，适应其生活条件。蚯蚓是气象学家，一到雨天，它就离开土洞出外旅行，因而它又叫作"雨虫"。

蚯蚓是鱼类最喜爱的食品，一旦被钓鱼爱好者发现，就要被抓去充当鱼饵。

蚯蚓是药剂师。在中药铺里，在中医大夫的门下，它是以地龙的名称闻名于世的。据说，它有退热之功。

在森林，在田野，在草原，在一切含有丰富腐殖质的土壤里，它生活得最好，繁殖得最快。它是农业劳动者，能把死土变成活土，把瘦土变成沃壤，把硬土变成松土。土壤经过它肠胃的消化作用，能增加氮、钙、磷、钾的含量，增加碱性土地的酸度，提高土壤中有机物和腐殖质的含量，有利于植物的生长。

蜜蜂的家住在树上，在果园、花园和田野附近。它和人类的关系十分密切，人们都喜爱吃它采撷的蜜，就给它建造了蜂箱，这是蜜蜂的集体宿舍，是一座美观而坚固的六角大楼。

蜜蜂是灵巧的建筑师和算学家。它的住宅是用它自己分泌出来的蜡制成的，既节约材料又美观大方。

蜜蜂的家庭是由母蜂、雄蜂和工蜂组成的。

母蜂是一家之长，一国之王，人们称它作蜂皇。它是蜂群中最大的蜂。它担负着产卵的工作。当天气一天天暖和起来时，它所产的卵也一天比一天多起来了，最多的时候，一次能够产出2500～3000个卵。

雄蜂个子比母蜂小，比工蜂大。它们担负着和母蜂交配的工作。

在蜂巢的蜜蜂

　　工蜂是蜂群里的主要劳动力，它们担负着蜂巢内外的一切保卫和建设工作。从食品的采购加工到幼蜂的保育和蜂皇的警卫，从蜂皇的清洁卫生到气温的调整。这样，它们一天到晚，一年四季都在紧张地劳动着。

　　工蜂是采蜜的技师。在春夏两季，在百花盛开的季节，从黎明到傍晚，它们的工作十分繁忙，一刻也不休息。从蜂房到花丛，飞来飞去，不知有多少万次。它们访问所有芬芳的花朵，每一个花蕊，都有它们的影儿。

　　工蜂是花粉的传授者，就这一点来说，它们对于农业特别有益。花粉是含有蛋白质的食品，工蜂的身体上，长着许多细毛，能够粘上许多花粉，后腿上又有花粉篮，能够把花粉储藏。它们到处飞翔，就把花粉到处传播。这样，就能实现异花授粉，结出又大又好的果实来。

　　工蜂在采蜜的时候，如果遇到丰富的蜜源，它们就会飞回蜂巢，做出种种优美的舞蹈姿势，向伙伴们发出讯号，这些讯号指出方向、距离和特征。

　　蜜蜂的蜜营养价值很高，它们的蜡，也是工业上的原料。它们身上的毒刺和蜂王所吃的食物叫作王浆，能把疾病医治，使人延年益寿，这些都是蜜蜂对于人类的好处。

　　蜜蜂过着集体生活。在蜜蜂的社会里，不劳动就不能得食。如果蜂群中的成员，失去了劳动能力，不能参加生产，对于蜜蜂的集体生活不发生任何积极作用，都要被淘汰。

　　蜜蜂和蚯蚓都是热爱劳动的好榜样，人类亲密的好朋友。

1961 年 5 月

蛔虫的一生

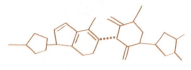

　　在寄生虫的世界里，蛔虫要算是最普遍最繁盛的一族了。它寄居在人体的小肠里，吃消化过的食物为生。它的外表有点像一条一条黄白色的面条，有时候也带点粉红色；它的形状两头尖尖，弯来弯去像个"回"字；身长 0.09～0.3 米，体粗 0.015～0.02 米。食虫和混屎虫都是它的别名。

　　当它们在肠子里做客的时候，雌雄交配，据估计每天可以产下虫卵多到 20 万个。这些虫卵随着大便排出体外，一旦落到温暖而潮湿的泥土里，不多几天就开始孵化。

　　有这样多的虫卵随着粪便而流转，无怪乎全世界各地都有它的踪影，冰天雪地不会把它冻死；在极干燥的环境里，它也能生存下去。

　　如果人们用新鲜的粪水来浇蔬菜，潜伏在粪水中的蛔虫卵，就转移到菜叶上去住；如果这些沾染有虫卵的菜叶，未经洗净煮过就被生吃，那么这些菜叶很自然地就成为蛔虫进攻人体的"军事基地"了。人们的脏手和苍蝇，也时常给成熟的蛔虫卵引路，为它们入侵人体大开方便之门。许许多多的虫卵，就这样经过各种不同的途径，登上人们的大口，长驱直入，攻占了小肠。在这里幼虫们破壳而出，肆无忌惮地把人体当作它们的"殖民地"。

　　这些幼虫在小肠里钻来钻去，穿破肠壁进入血管，随着血液作环游全身的旅行，经过肝脏、心脏到达肺脏，又从肺泡、气管而奔向咽

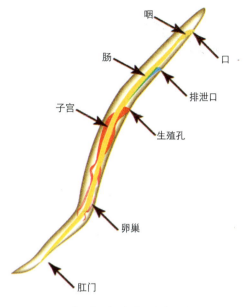

咽
口
肠
排泄口
子宫
生殖孔
卵巢
肛门

蛔虫（雌性）结构图

喉，一溜又溜到小肠里去了。这时候幼虫已经变成了成虫。

成虫在小肠里，无恶不作，不仅吸收走了肠子里的现成养料，剥夺了人体的营养，而且它们的排泄物对于人体也极有害处。

这样一来，由于它们生长繁殖的结果，就会使病人发生肚子疼、胃口不好、消化不良、睡眠不安、脸色苍白、精神疲惫、抵抗力减弱，一天比一天消瘦下去。这些症状，都是对蛔虫病患者的警告，如果不及早医治，让它发展下去，就会引起种种急剧的病变，病情就严重了。例如：让它们钻来钻去钻到阑尾，就会发生阑尾炎；钻进胆管，就会发生胆管炎；钻到腹膜，就会发生腹膜炎；如果蛔虫繁殖得很多，更会把肠管堵塞，轻的疼得难以忍受，重的还有生命之忧。

　　这样看来，蛔虫的一生，对于人体的危害性是很大的。尤其严重的是，蛔虫病的患者多属儿童，这是由于儿童的生活习惯不合卫生，他们经常和沾有蛔虫卵的泥土打交道，又常常把污染的手指头塞进口里，这样就容易造成正在孵化中的蛔虫卵入侵人体的条件，使很多儿童在不知不觉之中做了蛔虫病的"俘虏"。

　　为了保护儿童的健康，为了保证儿童不受蛔虫病的侵害，就必须采取积极的措施，切实做好防治工作。一方面定期给孩子检查大便，发现有蛔虫卵的时候，就给他们吃打虫药。常用的打虫药有山道年、六烷雷琐辛等。中药使君子也很好，但是必须在医生的指导下服用，否则吃得过量是会中毒的。另一方面，要经常对孩子进行卫生宣传教育，如不要随地大便，饭前便后要洗手，生菜不要吃，碗筷要洗净，饮水要消毒，不要玩泥土，手指甲要经常剪，不要养成吃手指头的坏习惯，等等。严格地遵守这些卫生规则，肃清蛔虫病是不难的。

1961 年 10 月

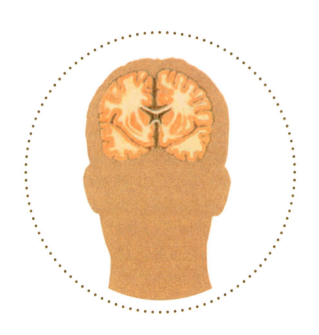

梦幻小说

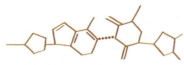

梦是生活中的一部分，人人都有梦，人人都在做梦，梦的资料浩瀚如烟海。想想看，全世界有多少人？大约有 40 亿人吧。这么多的人，每天夜里都做梦，该有多少梦的故事呀！全部世界史，有多少人？大约总有几万兆人吧。这真像头发丝一样，像夜空的繁星一样，数也数不清。这么多的人，他们的一生几乎每夜都有梦，该有多少梦的史诗呀！这样多的梦，简直要用电子计算机来计算。

梦和幻想是一家，它们的祖宅在大脑皮层。

在大脑皮层，那儿有数不清的神经细胞，都是梦的住所，传达梦的信息，演出梦的传奇。在梦的大家庭里，有记忆、回忆、思想、想象、幻想和虚构。梦首先是记忆的宠儿，没有记忆，就没有梦的存在，即使虚构的梦，也有记忆的基础。

人体器官是梦的办公室，视觉、听觉、嗅觉、触觉和味觉等感官，都是梦的会客室。

梦能看见东西，梦能辨别各种颜色，梦能听见声音，梦能嗅到花香，梦能辨别各种香味。

梦能辨别味道（皮肤也是很敏感的，尤其是手上的皮肤，粗或细、厚或薄、大或小、高或矮，都能摸得出来）。有时睡眠中，闻到食物的香味，便会做起赴宴的美梦。

五脏知梦。肺是梦的窗户，煤气中毒，梦也有预感。胃肠是梦的灶披间①，胃肠出了乱子，细菌盗匪窜进灶披间，肚子泻的事就发生了。梦有先兆。心脏像大海，血液如流水，高血压、冠心病，梦都能探听出来。

最近，我看了《参考消息》上一篇关于苏联的报道。苏联一医学博士卡萨特金，积累了23700个梦的资料，经过分析得出结论：睡眠中的人的大脑，能够预知正在酝酿的某种病变，而那种疾病往往在几天、几个星期、几个月，甚至几年以后显示其外部症候。做梦能在某种疾病的外部症候尚不明显的时候，就预先告诉人们这种正在酝酿着的病变？而及早发现疾病，防患于未然。

视觉神经，对于来自人体内部的微弱刺激，也很灵敏。任何一个器官或组织的功能失调，它就发出信号，传达到睡眠中的大脑皮层，视觉神经中枢就把这种信息变成形象，引起梦幻。一般地说，这种刺激，往往会幻化成某种我们平时非常熟悉的事物。

卡萨特金的理论，应用范围很广，它不仅可以用作门诊大夫的一个重要参考，而且在刑事案件的审理方面，也得到了应用，取得了良好的结果。

梦有时是短暂的，有时是连续的，有时一瞬即逝，有时是长期的。

短暂的梦，只梦一人一事一物，如梦见你的爱人、你的朋友、你的长辈；如梦读书、梦写作、梦结婚；如梦你的玩具、你的红领巾、你的珍贵的礼品。

连续的梦，今天做了这个梦，明天又重演一番；今天做这个梦，隔了几年又接着做；今天梦见这个人，明天又梦见他。

有的梦是长期的、漫长的，有故事情节。这种梦就是我拟议中的

①　灶披间，方言，即厨房。

梦幻小说。

在梦中，我能和已去世的人在一起；在梦中，我能和死者、幸存者在一起；在梦中，我能和久别的亲友在一起；在梦中，我能和遥远的朋友在一起；在梦中，我曾和毛主席、周总理、朱德总司令握手；在梦中，我愉快地和祖父母、父母、姊妹、弟弟团聚。这是梦不可多得的收获。梦是永恒的。

梦中有回忆，回忆中有梦，梦是有深刻的思想和浓厚的感情的，梦是有丰富的想象力的。梦是有无限的幻想能力的。

梦追忆过去，梦着眼现在，梦憧憬未来。

梦把我带到全世界各个角落去，从白人的国家到黑人的国家，从黄人的国家到红人的国家，环绕地球一周。梦使我飞上太空、深入地底、遨游海洋，多少街道、多少房屋、多少商店、多少城市和乡村，都曾在我梦中出现，我留恋它们，我怀念它们。我现在每天都在记日记，我的日记里，都记载着我每夜所做的梦。我的日记里有梦、梦里也有日记。有的梦记不清了，有的梦忘记了，忘个精光；睡时做梦，醒时忘。日记就是梦的备忘录。

婴儿第一次做梦，就是梦要小便，结果尿炕了。幼儿的梦，梦玩具游戏。儿童的梦，梦临红画画。青春的梦，梦结婚。少女的梦，梦爱情。战士的梦，梦冲锋陷阵。工人的梦，梦机器。农民的梦，梦丰收的喜悦。科学家的梦，梦创造发明。文学家的梦，梦写作成功。诗人的梦，梦写了一首得意的诗作。音乐家的梦，梦知音。美术家的梦，梦作品展出。

在舞台上，在银幕上，在电视屏里，都有梦的插曲。

梦有政治的梦，如梦见国家领导人；梦有教育的梦，如梦见学校生活；梦有军事的梦，如梦见战争的情景；梦有经济的梦，如梦有商品交易所；梦有国际的梦，如梦见出国考察。

短的梦，像短篇科幻小说；长的梦，像长篇科幻小说。梦的结果，有时是正面的，醒时精神抖擞；有时是反面的，丧事变成了喜事，凶就是吉。

梦啊！你属于我，我也属于你；我不能离开你。人不能一日无梦，建设精神文明需要你。你是我们的理想与希望的源泉。

不是吗？人类曾做过多少希望的梦，梦"上九天揽月"；梦"下五洋捉鳖"。而今的运载飞船，登月火箭所行历程，人类所开发的水底资源，不都是"科幻小说"的题材吗？

人类幻想去外星旅行。目前，各国正开创 UFO 的探索；还记载过有"外星密码"的来电，等等，诸如此类。这不再是什么"梦幻"，而是不太遥远的明天了！

日有所思，夜有所梦。梦是第二精神，梦是社会科学中的一门学科，叫作梦学。梦是一种精神运动，不能离开物质、时间和空间。

人类历史上，有许多可歌可泣的梦。例如莎士比亚的喜剧《仲夏夜之梦》；例如《左传》里，梦二竖（两个童子）而病入膏肓；例如《三国志》中，诸葛亮的一首诗"大梦谁先觉，平生我自知"；例如《西游记》中，孙悟空大闹天宫，就是一场梦境；例如《水浒传》中，石碑上一百零八条好汉，也是从梦中得来的；例如《红楼梦》中贾宝玉梦游太虚幻境。此外，还有榴花梦、桃花梦等，诸如此类，不胜枚举，恕我不多唠叨了。

1982 年 4 月

附

高士其科学诗选摘

我们的土壤妈妈

我们的土壤妈妈，
是地球工厂的女工。
在大自然的建设计划中，
她担负着
几部门最重要的工作。

她保管着矿物、植物和动物，
还有肉眼看不见的微生物；
她改造物质，发展生命，
经营着无机和有机
两大世界的巨大工程。

她住在地球表面的第一层，
由几寸到几尺的深度，

都是她的工作区。
她的下面有水道，
水道的下面是牢不可破的地壳。

她是矿物商店的店员。
在她杂色的柜台上，
陈列着各种的小石子和细沙，
都是由暴风雨带来的，
从高山的崖石上冲洗下来的。
她是植物的助产士。
在她温暖的怀抱里，
开放着所有的嫩芽和绿叶，
摇摆着各色的花朵和果实，
根和她紧密地拥抱。

她是动物的保姆。
在她平坦的摇床上，
蹦跳着青蛙和老鼠，
游行着蚂蚁和蚯蚓，
蜷伏着蛹和寄生虫。

她是微生物的培养者。

在她黑暗的保温箱里，
微生物迅速地繁殖着；
它们进行着化解蛋白质的工作，
它们进行着制造植物肥料的工作。

我们的土壤妈妈，
像地球的肺。
她会吸进氧气，
她会呼出二氧化碳；
有时还会呼出阿莫尼亚。

她又像地球的胃，
她会消化有机物。
地球上所有的腐物，
几千年人和兽的尸体，
都由她慢慢地侵蚀。

她又像地球的肝，
毒质碰着她就会被分解，
臭味碰着她就会被吮吸，
病菌碰着她就会被淘汰，
使传染病停止了蔓延。

我们的土壤妈妈，
同水有深厚的感情！
她有多孔性和渗透性，
她像海绵一样，能够尽量吸收水。

我们的土壤妈妈，
同太阳有亲密的友谊！
她能够接受太阳的热；
当黄昏来到的时候，
又把它发散出来。
气候也会影响她的健康。
冰雪的冬天，
把她冻坏了；
快乐的春天，
把她解放了。
在城市，有数不尽的垃圾堆，
都要经过她的改造，
才能变成美好的肥料。

我们的土壤妈妈，
完成了清洁队员未了的工作。

在农村，有数不清的田亩，
滴上农民们的血汗，
播种下谷子、小麦和高粱。
我们的土壤妈妈，
从不辜负农民的希望。

改造自然的苏联伟大计划，
把沙漠变成了绿洲，
从荒芜走向繁荣，
我们的土壤妈妈，
更进一步展开她的工作。

1950 年 2 月 18 日

图书在版编目（CIP）数据

地下王国漫游记：高士其生活科学集/高士其著.
北京：中国国际广播出版社，2017.7（2020.7重印）
（科普大师经典馆.高士其）
ISBN 978-7-5078-3967-8

Ⅰ.①地… Ⅱ.①高… Ⅲ.①科学小品－作品集－中国－当代
Ⅳ.① I267.3

中国版本图书馆 CIP 数据核字（2017）第 044692 号

地下王国漫游记：高士其生活科学集

著　　者	高士其	
策　　划	张娟平	
责任编辑	笑学婧　张娟平	
版式设计	国广设计室	
责任校对	徐秀英	

出版发行	中国国际广播出版社 [010–83139469　010–83139489（传真）]	
社　　址	北京市西城区天宁寺前街 2 号北院 A 座一层	
	邮编：100055	
网　　址	www.chirp.com.cn	
经　　销	新华书店	
印　　刷	日照教科印刷有限公司	

开　　本	880×1230　1/32
字　　数	160 千字
印　　张	7
版　　次	2017 年 7 月　北京第一版
印　　次	2020 年 7 月　第二次印刷
定　　价	32.00 元